村庄规划 第二版

张　泉
王　晖　梅耀林　赵庆红　著

中国建筑工业出版社

图书在版编目（CIP）数据

村庄规划/张泉等著．—2版．—北京：中国建筑工业出版社，2010（2024.2重印）
ISBN 978-7-112-12085-7

Ⅰ.①村… Ⅱ.①张… Ⅲ.①村庄规划－中国 Ⅳ.①TU982.29

中国版本图书馆CIP数据核字（2010）第083068号

责任编辑：陆新之
责任设计：张 虹
责任校对：王雪竹
版式设计：付金红

村庄规划 第二版
张 泉
王 晖 梅耀林 赵庆红 著

*

中国建筑工业出版社出版、发行（北京西郊百万庄）
各地新华书店、建筑书店经销
北京嘉泰利德公司制版
天津画中画印刷有限公司印刷

*

开本：850×1168毫米 1/16 印张：$13\frac{3}{4}$ 字数：260千字
2011年9月第二版 2024年2月第三次印刷
定价：68.00元
ISBN 978-7-112-12085-7
(19343)

村

庄

目录

第一部分 总论

第一章　村庄的定义

一、村庄的概念

村庄，农村聚落的统称，它是以农业（包括耕作业和林牧副渔业）生产为主的居民点[①]，有时候村庄又被称为村落。

人类最早出现的聚居形式是村庄。它的形成是一个长期的历史过程，也是多种因素综合作用的产物。从内涵上看，村庄作为一种地理景观，并非仅指农家居住的聚落，“一方面，以农家的居住聚落区所代表的，眼睛看得见的空间现象，可称之为村落；另一方面，则代表居民意志，以眼睛不易看出的社会集团，也可称之为村落。所以，村落应该是两种角度的总称。”[②]因此，对村庄的理解，不仅要考虑其空间布局、景观形态与功能结构，还需要综合考虑经济发展、生态环境、社会变迁、文化心理、乡风民俗等多方面的因素。

农村与村庄，是既有联系又有区别的两个概念。农村主要指非城市的广大乡间区域，常被称为乡村，又由于非城市的乡间人类活动区域主要以农耕业为主，也被称为农村；村庄则指在农村地区的人口居住聚落，常被称为“村落”。因此，与村庄相比，农村是一个更为广泛的概念。农村不仅包括作为居住聚落的村庄，还包括居住聚落以外的更为广阔的非城镇地域，包括农田、森林、水面、草原等空间。

在目前的中国，村分为“行政村”与“自然村”。“自然村”指农村居民自然聚居而形成的村落，“行政村”是村民委员会管辖范围内的自然村的总和。因此，行政村是针对农村基层管理而形成的，而自然村则专指农村的聚落空间。作为农村的自然聚落，“自然村”还有一些不同的叫法，如屯、庄、庄台、夼

① 中国农村聚落地理．江苏科学技术出版社，1989.4.

② 村落地理学．台湾五南图书出版公司，1984.61 ～ 62.

(kuǎng）等等，其人口从几十人到几百人乃至几千人不等。在一些地方，行政村与自然村范围是相同的，一个自然村就是一个行政村；在更多的地方，一个行政村常包括几个到几十个自然村；少数情况下，也有一个较大规模的自然村包含两个乃至两个以上行政村，或者是不同行政村的部分村民共同形成一个自然村。

二、城镇与乡村的区别

1. 产业方面

（1）产业分布：城市以二、三产为主，农村以一产为主

从经济发展一般规律来看，无论是经济总量的增加，还是经济结构的调整，产业的空间布局始终遵循着一个基本原则：即第二、三产业集中在城镇，第一产业集中在农村。二、三产业的高度发达是城市经济的重要标志，而且会随着城市与城市带、城市群的发展，产业极化效应会越来越强。城市不发展第一产业，村庄与第一产业有着天然的联系，并互为依存。无论在欧洲、北美，还是东亚发达国家如日本、韩国，农村始终是以第一产业为主。北美和欧洲以规模化高效农业为主，形成大规模的畜牧、谷物、水果、蔬菜等专业化生产区域；日本与韩国则因为耕地资源少，需要大力发展小规模、精耕细作的高效农业。在中国，第一产业在村庄同样有悠久历史，并仍居主体地位。大部分村庄以粮食种植业为主导产业，随着农业产业结构的调整，越来越多的村庄从事渔业、牧业、林业及其衍生的园艺、高效种植、养殖业等。

（2）第二产业：城市工业集聚发展；村庄少量发展手工业

从全球来看，无论是工业化还是信息化时代，第二产业始终以集聚集约发展为主线。城市及其相关的工业集中区，不仅为第二产业的集聚集约发展提供了良好的人才、技术、资金、管理等方面的保障，而且为环境治理与区域的生态保护提供了经济有效的客观条件。

在发达国家，农村不仅作为第一产业的生产区域，而且已经作为重要的生态与环保功能区域而存在，因此，工业的普遍存在，不利于这些功能的有效实现，必须通过严格的法律进行限制和禁止。只有极少数地区的村庄拥有乡村工业，这些工业多为传统手工业或是低成本、劳动密集型的小型加工业。它们又常和乡村旅游紧密联系在一起，并在生产过程中严格控制它们对生态环境的影响。如意大利中部的塔斯科里地区，手工业发达，自战后以来几乎成为典型的轻工业乡村区域，并带动了乡村旅游经济的发展。日本福井县宫畸村是传统六大古窑之一“越前烧”的发祥地，从1970年代起，通过对“越前烧”技术的产业复兴，举办旅游纪念活动等，年游客量达31万人。在中国，村庄第二产业一般包括

农副产品加工业，以及当地必需的一些生产生活用品的生产。20 世纪 70、80 年代，随着乡镇企业的崛起，部分地区村庄第二产业中制造业、采矿业、建筑业等得到了较大的发展，这些村庄的共同特征是，大部分有劳动能力的村民放弃了传统的农耕劳作而从事第二产业，并由此引起了村庄空间形态、内部社会结构等方面的较大变化。由于在很长一段时间对村庄内部用地及生产行为管理较松，这类企业的厂房往往就在村庄内部，导致“离土不离村”的现象非常普遍，虽然有利于农民增收与扩大就业，但也造成了土地资源浪费与严重的环境问题。目前，许多地区正在推动村庄第二产业向城镇集聚，或第二产业为主的村庄集聚发展为城镇，以有利于集约发展与环境治理。

（3）第三产业：城市三产高度发展，村庄乡村旅游方兴未艾

城市第三产业高度发达，当前，以信息服务、科技研发、金融服务等为核心的现代服务业，正成为城市经济发展的新引擎；在农村，以乡村旅游业为主要特点的第三产业，也正在成为村庄产业的亮点。乡村旅游融观赏、考察、体验、娱乐、购物、休闲、度假于一体，在欧洲可以追溯到 19 世纪中期，但大规模的开展是在 20 世纪 80 年代以后。目前乡村旅游在德国、奥地利、英国、法国、西班牙、美国、日本等发达国家已具有相当的规模，走上了规范化发展的轨道。

在中国，随着物质生活水平的不断提高，越来越多的村庄正在发展以农村风貌、农业生产、农民生活、历史遗存、民俗文化、自然生态等为主要内容的乡村旅游业。与城市旅游业相比，乡村旅游主要体现以下特点：一是内容的乡土性。旅游活动对象涉及当地的农副土特产品、古朴的村庄作坊，现代城里人所不了解、不熟悉的劳作形态，乡村的各种民俗节庆、工艺美术、乡土建筑、民间文艺、趣事传说等，对于城市游客具有极大的诱惑力和感染力。二是时空的分散性。乡村旅游资源，上下五千年，十里不同俗，且大多以自然风貌、劳作形态、农家生活和传统习俗为主，受季节和气候的影响较大，因此乡村旅游季节景观的多样性、地域的分散性，可以满足游客多方面的需求。三是参与的广泛性。乡村旅游不仅指单一的观光游览项目和活动，还包括娱乐、康疗、民俗、科考、访祖等在内的多功能、复合型旅游活动，许多乡村旅游能够让游客通过体验乡村民风民俗、农家生活和劳作形式，感受到不同的生活方式和不同的生活理念，能够在体验式劳动的欢快之余，购得满意的农副产品和民间工艺品。

当然，与发达国家相比，中国的乡村旅游仍处于初期发展阶段，产业化和规范化管理水平有待进一步提升。当前阶段，除了少量的旅游村以外，村庄第三产业主要仍以村庄服务业为主，包括农机、植保、灌溉等方面的农业生产服务，以及小规模商业流通、饮食、旅宿、修配等服务行业。随着农村经济的

发展与城乡统筹的逐步深入，交通运输、邮电通信、农村金融和部分教育、卫生等产业正在向村庄，尤其是一些规模较大、经济较发达的村庄延伸。

2. 经济方面

城市是区域经济的中心，生产的市场化、社会化、专业化程度高，对周边乡村经济起着强烈的极化与辐射作用。城市建设有稳定的公共财政渠道和较为健全完善的运作体系，城市政府通过法定的财税体制，以及相关的市政公用资产、国有土地的运作，为城市建设提供了有效的支持。与城市经济相比，村庄经济主要具有以下几个特点：

（1）资金来源：农户、村级与公共财政、社会帮扶相结合

在中国，农村除了财政转移支付支持外，村庄建设更多地依靠村级经济的支撑以及农户自身的力量。多年来，受到城乡二元结构的影响，我国农村公共产品的供给状况不容乐观，主要表现在基础设施严重不足、公共卫生以及社会保障等公共服务得不到协调供给。当前，随着城乡统筹力度的加大，支持农村的公共财政正在逐渐增多，但这种资金常常与时效性的政策相伴随，需要进一步提高像城市建设资金渠道那样的系统性和稳定性。同时，还应该更多地依靠大力发展农村经济和提高农民收入，提升村庄的建设水平。

村级经济对村庄建设的作用极为重要，并且，由于其投资决策更贴近农民，在村庄建设中就更能体现农民意愿。集体经济曾经构成了村级经济的主体。在苏南地区，上世纪 70、80 年代发展强劲的集体经济，推动村庄建设达到了较高水平。

随着经济体制改革的深入，民营企业成为村级经济的主体。由于这些企业的发展壮大和村集体有着千丝万缕的联系，很多就是直接脱胎于集体企业，这个特点决定了它们常常在村庄建设中发挥重要作用，许多企业十分乐意把一

图 1–1
江苏省昆山市玉山镇姜巷村

图 1-2　浙江省奉化市滕头村

图 1-3　四川省西充县燕子坝村

部分利润用于村内公益事业。所以，很多优秀的企业家被推选为村支部书记或村民委员会主任，由他们带领大家共同致富并实施村庄建设。事实证明，村级经济发达的地区，村庄建设水平就比较高。

农户的自我投入在村庄建设中的作用也是十分明显的。除需要特殊帮扶的农户外，农民自建房和房前屋后的建设行为，如入户道路、宅旁绿化、户前铺设、厕卫建设，以及清理乱搭乱建、乱堆乱放，需要以农户为投入主体，不宜动辄越俎代庖，这样才能更大程度地调动普通村民参与村庄建设的积极性，使建设效果符合更广泛的民意。

社会帮扶也影响着村庄的建设水平。随着新农村建设的深入，社会各方发挥自身优势，采取捐助资金、物资和提供技术、信息服务以及结对子等多种形式帮扶，广泛参与和扶持新农村建设，收到了良好的效果。但是，开展社会帮扶工作，应根据企业、社会团体的实际能力，坚持尽力而为，量力而行，不应下达指标，强迫命令。

总体来看，村庄的资金来源，决定了村庄的建设必须更多地考虑当地的经济发展水平与村庄的实际需求，适合当地的发展阶段、产业结构、收入水平，尤其要注重村民的主体作用，充分调动村民的积极性，充分尊重村民意愿。

（2）土地性质：集体所有制为主体

与城市土地国有的性质不同，村庄土地是集体土地。集体土地性质对村庄空间形态影响较大。由于集体土地的可交易性不强，农村宅基地在村庄与村庄之间、村庄与城市之间的产权变更非常困难，这在很大程度上有利于维持村庄空间结构的稳定，但也限制了它的合理衍变。当前，随着现代化进程的加快，工业化、城市化、农业产业化，对土地集约利用的内在要求，需要逐步改变村庄原有的空间形态，进行有效的空间重构，同时，进城农民也需要尽快通过置换农村宅基地而形成在城市长期定居的资产。近年来，寿光市三元朱村，实施“农业农场化、农民职工化、生产基地化、产品标准化、贸易国际化”的农业发展新模式，通过入股、转让等市场化运作方式，跨组调整宅基地，推动农村集中居住，将节余耕地推动规模经营。一期集中建设共腾出57亩（1亩≈$666.7m^2$）土地，全部复垦用于大棚蔬菜种植，一年可为村里增加经济收益200万元左右，并以此为基础滚动发展，收到了良好的效果。十七届三中全会提出的规范完善和创新农村土地管理制度的要求，为农村空间重构指出了科学发展的方向，因此，在村庄规划和实施中需要认真研究，积极创新，努力探索集体土地产权的流转经营，提高土地的集约利用水平。

图 1-4 苏州昆山市周庄镇全旺村的屋前菜地与水稻

图 1-5 数户人家也可独立成村

自留地对村庄的空间形态同样有重要影响。自留地是由集体经济组织按政策规定分配给成员长期使用的土地，生产的产品归农民自己支配，是一项重要的农家副业，是发展“庭园经济”的最好依托。相比大田，自留地最大的优点是面积较小，管理方便，适宜精耕细作，可以充分利用剩余劳动力和劳动时间，生产各种农副产品，满足家庭生活和市场需要，活跃农村经济。自留地有时统一安置在村边，但多数直接分配到农户的宅前屋后，在很多情况下，这种环绕住宅周边的小块的、非规整的农地，不仅形成了农宅间的自然隔离，而且展现出农宅与周边环境的有机相融，成为村庄重要的功能空间，非常有利于村庄绿化、乡土风情与生态环境水平的提升。许多村庄在建设整治中，妥善保留了村庄的自留地，经过必要的归整，鼓励农户继续植树种菜，成为乡村风貌的重要风景线。

(3) 人地关系：耕作半径正逐步增大

村庄的生产活动主要围绕村庄附近的土地及其他自然资源进行。一般来说，生产区就在生活区的周边，土地不仅是农民生产经营的重要依托，同时也是生活的基本保障。多年来，农业生产的自给自足性导致耕作半径较小，但随着市场化与农业生产力水平发展，自给自足性逐渐弱化，人地空间关系正逐步宽松。一般来说，村民的耕作半径主要受农业产业化水平、农业机械化水平以及当地人口与自然条件等因素的影响。

① 农业产业化水平。规模化是农业产业化的内在需要，必须伴以土地的集中经营才能实现。为实现这一目标，很多地区农民承包地入股集体经济，由种田大户或耕作公司经营，以股权方式享有承包地的资产化收益。这种土地入股经营的模式，使农民进一步摆脱具体承包地块的空间束缚，耕作半径不断扩大。

② 农业机械化水平。从生产工具来看，传统耕作手段仍在很多地区被广泛运用，除部分平原地区外，农户以使用小型农具为主。随着农业机械化程度的不断提高，现代化的耕作手段正在不断推广使用，农民可乘用农业机械或机动车到较远处的耕作地工作，耕作半径的扩大使村庄集聚成为可能。

③ 人口与自然条件。从全国范围来看，大规模的农业集约化经营，主要发生在平原且土地资源相对丰富的地区，但这种情况并不普遍。人口密集的乡村地区，人均耕地资源较为紧缺，不需要较大的耕作半径；水网、丘陵等地形地貌复杂地带，家前屋后的土地、水面可直接成为农民的生产资源；地势低洼地区、平原地区，往往促使农民因趋高避害的需要或生活用水而形成聚落，耕作半径可能就大一些。因此，耕作半径的确定必须和当地的具体条件相结合。江苏在进行镇村布局规划中，根据江苏人多地少（人口密度 730 人 /km^2）、人均耕地一亩左右的状况，同时广泛进行村民意愿调查，基本按照不超过 1km 的耕作半径，同时考虑基础设施配置的经济合理性，提出在没有地形地貌制约的情况下，有条件地区的村庄人口规划规模一般以不低于

800 人为宜；对于水网、丘陵等地形地貌特殊的地区和历史文化遗存较多、乡土风情浓郁的村庄因地制宜确定村庄集聚规模，具有特殊发展条件的，虽三五户、七八户也可独立成为自然村。

3. 社会与文化方面

城镇与村庄在社会文化方面有非常鲜明的区别，编制村庄规划应当主要关注以下几个方面的内容：

	村庄	城镇
工作节奏	随农时变化	规律性强
生活节奏	较慢	较快
人际交往	重邻里关系，重乡情	重业缘
文化生活	简单，传统，地域特色明显	多元化，易受外在文化影响
乡土观念	乡土观念强，安土重迁	乡土观念弱，迁居与迁移时有发生
宗族观念	宗族观念强	宗族观念弱
风俗习惯	传统化、惰性大、约束力强	变化快、约束力差

与城镇文化相比，乡村的显著特征主要体现在以下三个方面：

(1) 乡土文化

乡土文化的特质表现为本土文化在村庄发展历史过程中形成的文化内涵的长期积累，以及自然与人文的高度协调，村庄文化积淀了较多的乡土文化。首先，村庄保留了大量的地方传统文化，并与当地的自然禀赋紧密结合。由于交通、通信及生产方式等原因，许多地方的居民与村落长期依附，而村落又与当地的自然生态环境长期共存，乡村文化相对较慢的变迁速度，有利于使村庄的人文要素与周边的自然生态要素紧密相关，融为一体。其次，村庄文化的稳定性较强。村落内部长期共处的居民秉承共同文化背景，并以相互认同的方式进行沟通，使村庄居民在行为方式、道德规范、审美认知等方面共同点较多，文化的内聚力与稳定性较强，除非受到外来强大干扰、刺激才会变化。再次，因为村庄空间范围较小，居住人员结构单一，因此，村庄文化一般具有强烈的同质性。当然，随着经济社会的不断发展与开放，交通、通信、传媒等现代科技的影响，村庄教育水平的提高与人员流动的增加，在村庄文化与城市文化、本地文化与外来文化、农业文明与工业文明的不断交流中，村庄文化正在逐渐开放与活跃，在吸收外部文化的同时进行着自我传承和沿革，不断地展现出新的吸引力。

在经济发达地区，出现了外来人口租地或直接雇用外来劳动力耕作经营的情况。外来人口稳定、普遍的加入，会对村庄文化产生较大影响。尤其是城郊村庄以及工业村庄，外来人口的比重常常较大，必然影响村庄的文化传承与社会结构，需要在规划建设中认真考虑趋利避害。

(2) 宗族文化

村庄文化包含了较多的宗族文化。很多村落聚族而居，依宗族关系构成社会群体的纽带。许多村庄至今仍指姓而名，有单姓村、主姓村（以一两种大姓为主，也可能包括若干小姓的村庄）、杂姓村（若干姓杂处而没有大姓的村庄）等类型。以血缘关系为纽带连接起来的众多家庭组成家族、宗族，形成无形的社会结构，不仅影响着村民的生活方式，而且影响着村民的居住方式与村庄形态。如宗法文化痕迹较强的村庄，反映在空间形态上，往往形成以宗祠为中心的节点状公共活动中心，并按照宗族及其下属各支系划分空间领域并组织生活空间的模式。在当代社会，村庄的社会结构出现变化，原有的以血缘、宗族为基石的联系纽带正在淡化，新的社会结构正在形成，社会结构的多元化正在冲破这张结于村庄内部的无形的网络，同时也改变着村庄内部的空间关系。但由于村庄独特的文化环境，宗族文化在很多地方仍有着一定的社会作用。去除宗族文化的消极因素，其在村庄规划中的一些空间组织特点仍可以作为现代村庄规划的借鉴和传承。

图 1-6　乡土风情

（3）风水文化

村庄文化常融入了传统风水文化。传统风水对村庄建设影响巨大。总体来看，一些隐含在迷信外衣中的理念，仍具有积极意义。如安徽的历史文化名村西递村，其祖先根据风水学的观念得出了“船形西递，大吉大利”，“东水西流，吃穿不愁”的结论而选定了西递为胡氏安身立命的生存之地，在对村落形态的设计中，对自然环境十分尊重，强调“天人合一”，整个村落总体环境的选择是：前有朝山，后倚龙脉，以祥禽瑞兽命名之山峰把守水口、河流，玉带般的溪水延绵贯通全村。从现代村庄规划角度来看，按照背山、面水、坐北朝南、竹木环绕等风水理论进行的区位选择、空间安排以及植被的优化，使传统聚落的选址及布局体现了人、建筑与环境之间的充分和谐，为居住提供了良好的空气、阳光、自然通风、温湿度、用水安全等条件，不仅有利于宜居、优美的人居环境与空间形成，而且还起到了合理利用土地资源以及生态节能的效果。提取并合理利用村庄风水文化的内核，可以成为现代村庄规划的重要手法。

(4) 生态文化

传统村落的规划建设也秉持了中国文化"天人合一"思想蕴含的尊重自然乃至敬畏自然的理念，重视自然资源持续存在和永续利用，形成了种种保护林木资源、水资源、土地资源甚至动物资源的思想和措施，谋求人居环境与自然的长期共存。许多古村落在选址和营建中，尽量利用自然环境和自然水系脉络特点，依山就势，沿水而居，并通过种种自然材料的运用及建筑营造方法，谋求与周边环境的融合协调。当前，随着科学发展观的提出，生产力的不断进步，村庄的生态文化被赋予了更新的内涵，不仅在规划设计、建设整治、材料

图 1-7　安徽黟县宏村

运用、环境保护等方面越来越多地运用尊重与保护自然生态理念，而且，作为重要生态区域，它正对维护整个城乡的生态平衡起到了越来越重要的作用。

4. 空间方面

村庄内部空间的形成依赖于社会、文化、经济、传统等多方面因素，这些因素的影响综合作用于村庄，就形成了村落空间形式。一般来说，农业经济的发展水平、农业产品结构与生产方式、村庄的地理位置与地形地貌，构成了村庄空间系统的基础，但村庄特色的形成，总是与其社会结构、文化蕴含、历史传承等因素有着极大的关系。与城镇空间相比，村庄空间除了尺度小巧

亲切外，主要还有以下特点：

（1）空间布局：随机、自然

城市土地利用强度较大，用地功能按照相关规定标准进行细密划分，形成紧凑、规整、复杂的空间结构，大体量，大尺度；相对于城市，村庄土地利用与开发强度低，建筑物体量小，用地功能划分较简单，多数村庄没有十分严密的用地功能区分，而大量存在于村内的生产用地、边角地，使居住区与农业生产区、周边自然环境相互交错，形成模糊的村庄空间边界。

从管理手段来看，城市空间的形成与发展是按照严格的规划，并以系统

图 1-8　安徽黟县西递村

的规划实施体制来实现的，体现出较强的刚性与可控性；农村规划与建设行为体现出较多的自主性，其形成是一个长期的、自然的过程，空间的形成并不过多地依赖强制性手段，而是依托农户自身的生产生活需求以及乡规民约、风水观念、传统伦理等，体现出很强的自然性与随机性。从与自然的关系来看，农房分布较为随机，空间层次结构较简单，但这种随机布局并不意味其肌理单调与肤浅，在局部不规整的同时却形成了整体的有机协调，而小体量的建筑形式更不易与周边的自然景观冲突，从而形成了村庄空间与自然肌理的相互呼应，这是村庄空间最吸引人的地方。

图 1–9　模糊的边界与自然的肌理

(2) 景观绿化：乡土、生态

城市景观体现出较强的人工主导性，主要结构成分和景观整体格局如建筑、桥梁、道路、广场、绿化、水体、小品及雕塑等，都要通过有序的规划与设计，城市景观的功能也更多地需要精细的维护。传统的村庄空间形成多没有经过系统的景观设计，没有很强的人工印记，在建筑选材上，本土材料使用得较多，极少硬质铺装；很多村庄因山、因水、因田、因绿等形成的景观并不雕琢，在整体上保持了良好的乡土性与生态性。

这种情况尤其体现在绿化方面。城市绿化体系包括公园、街头绿地等，绿化品种以乔灌草相结合，常以大面积的几何形态出现，并需要定期维护，人工化形象明显，对植被观赏效果的关注常高于生态功能。村庄的绿化虽然不像城市绿化那样成明显体系，但对村庄景观与生态功能的重要性一点也不亚于城市。绿树掩映下的村庄，展现出"村在绿中"的优雅美景，年代久远的大树常常成为村口或公共聚集地，记载着人们对村庄的传承，成为村庄的象征。村庄大规模的公共绿地很少，常常见缝插绿，岸边绿化、田边绿化、庭院绿化、山墙绿化等现象非常普遍，对于保持水土、降低气温、维护生态有极大的好处，也基本不需要专门维护。植物多是乔木，并以本地适生品种为主，辅之以灌木，没有并不适合农村的大面积草坪，在很多地方，各种经济植物如茶果树种、材用林木，乃至苗圃、菜地等都可以是经济实用的绿化品种。

在新的社会背景下，由于生产手段、交通手段、科技手段的进步，以及村庄社会结构的变迁，使村庄的空间结构出现了新变化。如：市场经济形成的效益原则，使村庄中各种要素流向更接近市场和人力物力的优势区位地点，村民争相在道路两旁建房就是利用优势区位的自发趋利行为；新技术手段的出现，钢筋水泥、混凝土的普遍应用，使建筑层数的增加成为可能，村庄正越长越高，改变着村庄的传统形象；农民经济实力的提高、物质条件的改善，使得传统的院落式农宅向提高住宅成套率方向发展，等等。但是在空间形态上，仍应最大限度地保护村庄的乡土风情与地方特色。

5. 交通方面

与城镇相比较，村庄在交通方面，主要有如下特点：

(1) 需求：强度不高

城镇由于土地利用强度高，人口与产业密度大，生产生活节奏快，人流、物流密度远远大于村庄，从而导致道路交通运输高强度、快节奏。村庄土地利用强度不高，空间结构较为简单，生产生活节奏相对舒缓，这些因素构成了村庄交通需求的基本特点。村庄运输的主要内容是农、林、牧、渔、矿等产品运输，以及少量客运和农民自行驾车出行。一般来说，除了极少数参与附近地区采矿、工业等方面运输分工，村庄的运输强度较之于城市几乎可以忽略不计，而农业

图 1-10　村在绿中（左上）
图 1-11　街巷绿化（左下）
图 1-12　村口大树（右上）
图 1-13　菜花飘香（右中）
图 1-14　生态水岸（右下）

生产性运输可以通过规划将之引导安排到不影响村庄生活秩序的地方。

（2）功能：相对简单

城市交通繁忙，大型公共交通、小汽车相当普遍，路网结构系统层次多、功能繁，交通组织更加复杂。村庄结构简单，居民不多，交通量也很少，村内道路的功能需求，不需要宽路幅、高密度的路网；村庄交通节奏慢，不需要严密的交通组织；村庄空间相对稳定，漫延式与组团式扩张并不多见，外环路的安排不仅不经济，而且不利于形成自然形态的村庄边界。随着城乡公共服务一体化的发展，城市公交正在不断向农村延伸，对于村庄运输提出了新要求，但这种需求更多体现在村庄与外界的交通沟通上，除部分大型村庄外，对村内交通并不会产生实质性影响；农民私家车比例在不断提升也是村庄交通的一个新问题，但由于村庄的规模与密度所限，其对村内交通的影响并不像城市私家车这么大；随着乡村旅游的发展，对村庄交通功能提出了新要求，无论是对旅游的交通组织、车辆停放，还是村庄旅游区与居住区交通功能的区分，都需要在规划中认真研究。

（3）道路：乡土生态

城镇道路按城市规划标准设计建设，路网密，路幅宽，建设标准高。村庄有限的交通量决定了其道路建设不需要按照城市标准进行。村庄道路一般路幅窄，断面形式简单；道路往往因地形、地势而蜿蜒曲折，一般不宜裁弯取直；路网构成不需要像城市道路那样形成组织严密、等次有序的体系，只要结合实际需求进行简单的梳理；由于车速不高，转弯半径也不需要很大。道路建设可以大量使用乡土材料，在国外，砂石路面的村庄道路非常普遍，不仅经济实惠，

图 1-15　山石路

图 1–16　水泥砖路

图 1–17　苏州昆山市淀山湖镇永新村

而且渗透性好，十分有利于生态。

此外，水路交通是一些村庄传统交通体系的重要内容。在水乡地区，许多村庄水网密布、港汊纵横、湖河联络，咫尺往来，皆仗舟楫。当前，随着陆路交通的发达，水路交通虽然仍局部存在，总体上却已逐步淡出历史舞台，但与河道相依存的驳岸、小径、古桥、建筑立面等构成的街巷空间，不仅成为村庄悠久历史的承载，而且成为重要的生态承载。

良好的村庄形态常具有以下几个特点：

(1) 绿：指自然乡土绿化。绿色是生命之色。绿化是村庄空间最富生态特色的体现。绿化与建筑的结合，使“房在树中”、“村在绿中”成为典型的村庄绿化特征；绿化与自然的结合，使适生树种、经济树种与山林、农田、水体、湿地等相互支持、交融，村庄绿化更具乡土性质；绿化与生产生活的结合，使村民对绿化的认同不断增强，增绿、爱绿、护绿的意识成为村庄文化的重要内容。

（2）曲：指道路与水系随坡就势。与地形地貌结合较好且尺度宜人的道路，以及自然曲折的水系，对塑造村庄的自然乡土形态有很大的影响。总体上，良好的村庄形态，道路与水系多随自然地形地貌呈曲线和折线，宜弯不宜直，与村庄的自然、乡土、生态、亲和的属性相适应。

（3）小：指各类建、构筑物规模尺度不宜过大。村庄建筑等各类设施服务人口少，无需大尺度地建设，使其形象更加平易近人而不是盛气凌人。不应人为地将过多功能聚集拼凑大体量的建筑物，适中的尺度与自然空间发生冲突的可能性较小，有利于与周边环境的融合。

（4）土：指村庄的乡土性。村庄乡土性首先表现为自然协调性，村庄适中的体量、模糊的边界、相对疏松的空间，使村庄风貌与当地自然环境相融合；其次是用材本土性，村庄建设恰当使用本土的自然或植物材料，如砂石、土料、竹木等，能大大强化村庄形态的乡土性。

（5）新：指新理念、新材料、新技术的应用。在保留村庄乡土特色的同时，引导城市文明向农村渗透，改善农民生产生活条件，使之呈现恰当的现代感。如省柴节煤炉灶、生物质压缩燃料、沼气利用、风能利用以及太阳能等能源的利用技术，建筑节能的材料与技术、厕所改造与卫生处理技术，无动力与微动力污水处理技术等。

图 1-18　无锡江阴顾山镇红豆村

第二章　村庄的分类

一、城乡区位关系分类

相对于城镇的区位不同，决定了村庄受到城市化影响的类型及程度。按照受影响类型和程度的特色差异，可以将村庄划分为乡村型村庄、城镇型村庄和城郊型村庄。

1. 乡村型

指距离城镇较远，主要是处于第一产业区域特别是基本农田保护区域或林区范围内的村庄。这类村庄的空间形态虽然差别很大，但仍具有非常显著的两个共性特征：首先，按照空间区位，这类村庄按照当地经济社会发展的一般趋势，在未来相当长的时期，不会变为城市地区；其次，按照产业结构，在未来相当长的时期，将继续保持第一产业主体地位，特别是种植业、畜牧业或林果业主体地位。

乡村型村庄是最常见又是最基本的村庄类型，形态丰富多样，空间区位与产业结构的未来走向也较明确。由于其分布极广，规划这一类型的村庄，应结合其产业结构、文化生活、地形地貌等方面进行细化分析，必须认识到，乡村型村庄的两个基本特征决定了它们和城市在较长时期内发展的本质区别，这是我们对大多数村庄的认识基础。无论对村庄规划如何细化分析，都要把这两个特征作为前提，才能准确理解村庄规划与城市规划的理念和方法区别的本质所在。因此，认真把握乡村型村庄的基本内涵，非常有助于我们全方位理解村庄与城市在产业、经济、文化等方面的内在区别，更加慎重地对待村庄乡土风情与地方特色的保护与彰显。

2. 城镇型

主要指城镇规划建设用地范围的村庄。城镇型村庄已经受到城镇经济、产业、文化等各方面的综合影响，村民一般不再从事第一产业，居住形式较远郊村庄更为接近城镇风貌。村庄空间已经或即将与城镇结合在一起，常常难以辨别界线。空间肌理或保持传统村落形式，成为被城市化地区包围的“城中村”；或是建筑形式彻底城市化，建筑与环境有机融入城镇肌理，统一协调，成为小区式“村庄”。

城镇型村庄未来的发展，目标也是十分确定的：它们将成为城镇的有机组成部分。因此，虽然它们被称为“村庄”，但这只是“过去时”，最多是“现在时”，在规划建设中，必须促使其尽快全方位融入城镇，而不是让它们成为“城中村”，困扰城市化的进程。

3. 城郊型

指位于城镇规划建设用地外围近郊区的村庄。城郊型村庄仍保留着一定的耕作用地，真正从事农业生产的人口比例不像乡村型村庄这么高，许多村民的经济收入来自二、三产业。城郊型村庄已经具备了向城市化迈进的条件和基础。虽有相当一部分村庄处于城乡结合部位置，但很多村庄公共配套设施如排水、卫生、消防等方面与城镇存在较大差距，村庄空间形态介于城镇和乡村之间。

与乡村型、城镇型村庄不同，城郊型村庄在未来空间定位与产业发展上，仍存在一定的不确定性。由于我国的城市化进程还没有进入稳定期，城市化水平还有一个巨大的提升阶段，相当一部分城郊村将随着城市的扩展进入城市，即使不进入城市，其空间形态、集聚规模、居住方式、产业结构、文化生活都可能与乡村型村庄产生较大的区别。近年来，随着城市化进程的加快，城郊型村庄常游离于城乡之外，成为被称作“城乡结合部”的管理缺位区域。对其的规划建设，既是一个难题，更是一个大课题，必须结合城市化、工业化以及农业产业化的发展，以及城市基础设施的有效辐射，进行深入研究，尤其是立足于近郊村庄与城市在产业发展方面的互补性及其对农民生产生活方式的深层次影响，加大产业结构调整和土地制度创新的力度，使它们与城市在功能和特色空间上有效互补与呼应。

总之，城乡区位关系分类，在村庄规划中的作用十分重要，是村庄研究的前提与基础，只有明确了村庄在城市化进程中所处的地位，才能对规划村庄的性质进行基本把握，并以此为基础，结合村庄的其他特征，全面理解村庄的内涵。

二、生产活动特点分类

1. 种植业型

指从事大田种植为主的居民点。大多数乡间村落都属于这种类型，分布在能够从事种植业的各类地区。种植业型村庄的内涵十分丰富，加之分布极广，普遍存在，由此形成村庄的规模、形式与内部结构各不相同。

2. 水产业型

指从事水产养殖为主的农村居民点。水产业型村庄既有处于沿海地区的村庄，也有处于江河湖泊地区的村庄。沿海地区以捕鱼、水产养殖为主的渔业村庄，它们的生产区域是广阔的海洋和其他水体，在优良的避风港、水网发达地区可以形成很大的规模。苏、浙、闽、粤等人口密度大的省份，渔业村人口常达数千人。在江河下游的平原低洼地区，也有以捕鱼和水产养殖为主的村庄，我国是世界淡水养殖业最发达的国家之一，在珠江三角洲、长江中下游平原等地都有很多这种淡水养殖为主的水产业型村庄。生产、生活与水密切相关是这类村庄空间的主要特点。

3. 畜牧业型

指从事畜牧为主的农村居民点。由于畜牧业生产的特点，单位面积土地上获得的经济收入一般不如种植业多，草原的载畜量有一定限制，因此牧村一般都较小而分散，间距大，并常常以流动的或半固定的居民点形式存在。

4. 林果花木业型

指以经营林果及花木业为主的农村居民点。我国有很多经营竹、木等用材林和桑、茶、果、油桐、油茶等经济林的村落。如，江南丘陵有很多村落以毛竹、杉木为主要经济活动对象；新疆吐鲁番的葡萄沟，即以栽培葡萄为主。这些村庄的经营品种受地域影响较大，近年来，随着市场的扩大，生产经济林、花卉、盆景等专业村庄大幅度增加，并结合乡村旅游开发，大大提高了村庄收入水平。林果花木业型村庄一般来说规模和居住密度都不大。在很多情况下，农户与生产区域的空间关系非常紧密，许多农户的家前屋后成为主要的生产空间，以利随时照料和看护。此外，这类村庄很多还形成了以其种植品种为加工对象的加工业。

5. 旅游型

指旅游业为主或占相当比重的村庄。随着旅游业的兴盛，世界上出现了大量以旅游为主要经济收入来源的村落，尤其是位于距离大城市、大工业区不是很远的风景优美、特色鲜明或具有一定历史文化遗存的村庄，如欧洲的阿尔卑斯山区、地中海沿岸等地区，有很多吸引游客的村落。近年来，我国的乡村旅游也取得了长足的发展，兴起了一大批旅游村，此外，还有相当多有一定区位优势、乡村风情浓郁或有丰厚历史文化遗存的特色村庄，具备发展乡村旅游业的潜力，在未来的一段时间有发展成为旅游型村庄的可能。

三、地形地貌特征分类

1. 平原地区

平原地区村庄的规模通常较大，一般都是上百户和几百户的大村庄，有些村庄甚至超过1000户。因人地关系和合理的耕作半径的影响，村庄分布比较均匀，形态多呈团状布局。村庄多选择在高地，居住集中，这种村落的形式与防洪、取水和自卫需要有密切关系。房屋多为坐北朝南，排列较为单一。农宅多有院落，且空间较大。

2. 水网地区

水是人类的生命线，最早的聚落多由水而来。水网地区常常拥有丰富的水产与肥沃的土地，长期以来对人们的生产生活有较强的吸引力。水网地区村庄平面布局类型多样，建筑风格各具特色，其影响因素主要有以下几个方面：一是水系的影响。水系的延伸变化与村庄的布局形态直接相关，村庄常常沿河伸展或环塘发展，致房屋走向多变，村庄形态不一定正东西向或正南北向延伸，其肌理的形成与岸线走向有密切的关系，而沿河沿水形成的蜿蜒曲折的道路，更强化了村庄布局与形态变化的丰富性，使水乡特色十分显著。二是交通方式的影响。水网地区传统多仗舟楫，村庄临河建筑较多，特别是在乡间集镇，石驳的河岸，旁边即为家用码头，小船可载货至码头边，洗涤和运输都十分方便。随着经济发展和交通工具的改变，水网的交通功能正在逐步弱化，但生态与景观功能更需提升。三是生产方式的影响。水网地区，水稻种植较普遍，耕作半径小，使村庄规模小、数量多，密度大。当然，在地势低洼的水网地区，由于避涝的需要，也会在地势较高地区产生较大规模的居住集聚，如江苏中部里下河地区，近千户规模的村庄比比皆是。

3. 丘陵山区

此类地区村庄一般分布在沿山岭坡麓地带，以及较高的河谷阶地和交通方便之所在。丘陵山区地势复杂，气候多变，耕地紧张，通常不适合大规模的聚居，村落选址也有一定难度，理想的选址是向阳、近水、傍地、临道，同时又要冬避寒流，夏有凉风。位于多山地区的村落，其布局为了适应山石的变化，通常采用两种基本布局方式：一是平行于等高线方向布置，主要街道同等高线弯曲形势一致，小巷空间沿连接等高线方向因地势展开；另一种是垂直等高线方向布置，主要街道顺坡上下，村庄整体沿山顺势而上，叠叠重重山石造成的高差利于建筑的日照采光，而坡地局促不便穿插宽敞内院，因此因山而建的村庄呈现布局紧凑、鳞次栉比的空间形态。

4. 高原地区

高原地区人口密度极小，地广人稀是最大的特点，形成的村落也往往非常小且散，村庄内部联系不紧密，难以形成相对完整的街巷空间，基础设施和公共服务设施配套成本较高。村落的自然条件、风俗文化、民族传统也存在较大差异。

第三章　村庄规划概述

一、村庄规划的界定

1. 村庄规划的定义

本书所称“村庄规划”是指为实现一定时期内村庄经济和社会发展目标，按照法律规定，运用经济技术手段，合理规划村庄经济和社会发展、土地等自然资源的保护与利用、空间布局以及各项建设的部署和具体安排。

2. 村庄规划与城市规划的区别

村庄规划与城市规划，两者都是根据经济和社会发展要求进行空间资源配置和居民点布局安排的活动，但在规划内容、编制、实施和管理方面，两者存在明显区别。

（1）目标取向不同

从规划功能来看，城市规划作为一定时期内城市经济和社会发展以及各项建设的综合部署和空间安排，是从城市的具体条件出发，确定城市在一定时期内经济社会发展的方向、目标和规模，以及各项建设和设施的空间布局等，以保证城市有秩序地协调发展。城市规划的目标取向一般注重城市资源的高效配置，强调集聚集约发展，形成城市空间综合效益的最大化。而村庄规划的目标取向一般在注重提高村庄经济社会发展水平的同时，还应特别注意尊重和顺应自然，适度集聚，以利配套各类设施，提高村民生活水平；更要注重发挥村庄在城乡空间体系中重要的生态系统和环境保障区作用，保持和彰显地域特色与乡土气息。

（2）内容深度不同

城市及镇的规划体系较为复杂，包括总体规划和详细规划，详细规划分为控制性详细规划和修建性详细规划，以形成对城镇发展的引导、规范和有效控制。城市规划从总体规划到详细规划的编制内容庞大，可以自成一个体系。总体规划包括经济社会发展、城市化、土地利用、生态文化资源保护与利用、公共基础设施布局及各项专项规划等一系列内容；从控详到修详则包括土地用途、开发强度、形体设计与各专项配套规划等一系列任务。村庄规划涉及的范围较城市规划要小得多，用地范围很小，涉及的内容较少，技术因素相对简单，可以参照修建性详细规划的技术方法一并解决从总体部署到具体建设安排等问题。

（3）实施手段不同

城市规划的实施是由政府及其城市规划主管部门依据法律、法规的授权，运用权威的行政措施、稳定的公共财政、广泛的市场资源，来实施城市规划，在此基础上，保障公共利益，并通过市场对资源配置的基础性作用的发挥与各经济主体的参与，形成规划实施的良性循环。对于村庄规划实施，新的《城乡规划法》中明确通过“发挥村民自治组织的作用，引导村民合理进行建设，改善农村生产、生活条件”。因此，村庄规划的实施主体是以村集体为依托，在村民自治组织的推动下，通过村民们的共同协作努力来实施。从普遍意义来说，外部的帮扶可以促进村庄的发展和规划建设水平的提高，但村庄规划的编制和实施的效果多直接取决于村集体的凝聚力、号召力和经济实力的强弱，以及村民协作的水平。

二、村庄规划的影响因素

编制村庄规划，应该以村民为本，以促进村庄科学发展为目标，统筹兼顾经济、产业、土地、环境、文化等因素，始终坚持村民是使用者、受益者的观念，以村民利益为出发点，同时结合乡村、地域文化特色的保持与弘扬，全面考虑以下几个方面的因素：

1. 自然因素

自然因素是村庄赖以生存和发展的物质基础。相对城镇而言，村庄对自然环境的较高依赖性，给村庄规划提出了相对更多的要求。自然因素不仅影响村庄位置、规模、形态、职能和分布，对居住形式的影响也非常显著。影响村庄规划的自然要素主要包括资源状况和环境状况两大类。资源状况如土地、水、矿产、森林、风景资源条件和分布特点；环境状况如地形地貌、地质、水文、气象等条件。资源的丰富程度影响村庄生产发展的特征和规模；资源的质量水平及开发利用条件影响村庄生活方式以及生产活动的经济效益。

（1）土地。土地是基本的生产要素，人均土地拥有量、土地产出能力、适宜农产品种类等，对村庄的集聚水平、耕作半径等产生明显影响。如水土肥沃就会吸引较多人择地而居，从而可能使耕地资源相对稀缺，这些地方的村庄密度往往较大，耕作半径也不会很大；人少地多地区则相反，村庄之间的距离较大，而村庄规模较小。从作物品种来看，种植水稻需工量大，耕作方式精细，耕作距离就小；而旱粮区耕作相对粗放，耕作半径则可大一些。耕作半径的大小直接影响村庄布点的合理密度。

(2) 水文。传统村庄对水的依赖，表现在水源保障、交通运输、渔业生产等多方面。在水网稠密的江南地区，居民取水比较方便，村庄就相对分散且多沿河布局；河道稀少地区，为便于取水村庄则大而集中，密度稀；丘陵山区，一般村落分布在山麓和较开阔的河谷地带。同时，不同河流的不同特征影响着村庄的布局形式和布局位置；河流走向、交叉、弯曲对村庄形态产生影响；河流的凹凸岸及不稳定岸坡也影响村庄布局位置和形态。

(3) 地形地貌。从规模来看，平原地区村庄规模大；山区村庄规模一般较小，且相对高度越大，村庄密度越低，规模越小。从生产来看，山区、丘陵地带、水网、平原地区，各自所适宜的农业生产种类不同，劳作方式和劳作半径也会有所区别。如丘陵地区与平原地区相比较，其农业生产的组织方式、机械化水平会有较大的差异；狭窄河谷阶地、高地以及山麓地带形成带状聚落，山区多是散状聚落，平原地区多团块状聚落，而泥石流、滑坡等地质灾害易发地段应该避免村庄布点。

(4) 气候。气候对村庄建筑形式的影响是显著的。一般来说，降水多的地区气温高、湿度大，因此房屋坡度大，以利泄水通风，反之，屋顶就可以坡度小而节省建筑用材。地处热带亚热带气候的东南沿海不少村庄，沿海、沿河、沿山谷布置，其重要的原因就是为处理好通风降温问题。东北的村庄住宅屋檐低、门也较矮，以有利于冬季保暖；而我国北方农村广泛流行的四合院，防避风沙是重要功能之一。

2. 经济产业因素

经济与产业的发展水平反映了村庄物质文明进步程度。村庄规划建设，经济发展是基础，包括村庄的发展定位、产业结构、发展水平等，都是村庄规划必须考虑的要素。

(1) 发展定位。村庄规划应适应和合理利用区域发展条件，促进经济发展。要充分考虑村庄自身经济发展与县域经济、乡镇经济的关系，整合区位、交通、资源、环境等优势条件，从宏观层面为村庄的经济发展定性定位。

(2) 产业结构。村庄主导产业对村庄的形态、结构、耕作半径及村民的居住方式有直接的影响，需要在规划中重点关注。当前，随着农业生产力的提高，农业生产趋向高效化、规模化、现代化，使农业的生产方式产生了深刻的变化，在不断提升村庄经济发展、增加农民收入的同时，对村庄形态的演变也产生了巨大影响，尤其反映在村庄的集聚水平、建设水平、耕作半径和农户的居住方式、庭院经济的发展、家禽家畜的养殖方式等方面，都是村庄规划需要认真关注的重要因素。

(3) 发展水平。伴随生产发展和收入水平的提高，村民对城市文明的向往，对村庄的环境质量和基础设施配套的要求也在不断提高。同时由于缺乏科学的引导，部分村民在建房过程中存在攀比心理，盲目讲究面积“大”、体量“高”、外形“气派”，在一定程度上忽视了房屋的经济、实用、安全以及节能节地节材等政策导向和要求，带来了建房太散、面积过大、风格趋同、特色退失等问题。村庄规划必须立足当前，顾及长远，紧紧把握村庄经济发展的特征，分析其存在的问题，提出合理可行的对策。

3. 社会文化因素

村庄的社会发展主要体现在教育事业的进步、文化生活的丰富、社会保障的完善程度和村民思想道德水平的提高等方面，其中，在规划中需要重点考虑的内容，主要包括人口变迁及社会组织方式等。

(1) 人口变迁。当前我国工业化、城市化的快速发展正强烈地推动农村人口的迁移和重新分布。一方面城乡之间的人口流动带来农村人口数量和结构的变化，主要表现为农村人口的减少，另外一方面村庄之间也发生着人口的迁移，形成农村人口分布的区域空间变迁。如，长期稳定从事二、三产业且已在城镇安居的农户，其拥有的农村的房屋常年空关，产生了村庄空心化现象；近郊区的农村人口的高度流动性，给村庄居住人口的预测带来了较大的困难，从而影响到整个村庄经济社会、空间布局的规划；沿海地区部分村庄甚至因为本村人口进城镇，招聘中西部地区的农民在本村种地、打工，已经给当地村民自治组织的民主选举带来了新课题。

(2) 社会组织。实施村民自治，要充分考虑农村民主政治建设，完善新农村社区的治理机制，是全面建设农村小康社会的重要目标。因此，村庄规划必须能够满足村民自治的要求。这种要求，不仅要体现在规划的编制过程中，也要体现在规划的内容和实施过程中。

(3) 邻里关系。密切的邻里关系，一方面，能成为人与人之间维系感情的纽带，并在维护村庄社会安全方面起到积极的作用；另一方面，又可使当地居民对村庄产生眷恋感，在一定程度上缓解城市化快速发展中村民大量外迁对留村居民产生的心理影响，对长期保持乡土文化也是十分有益的。因此，村庄规划中，应挖掘自然形成的村庄社会秩序安定、乡情浓郁的社会伦理特征，尤其要关注市场经济条件下村庄内部伦理体系的深层次变化，以及迁村并点可能带来的社会问题。

文化包括有形的和无形的，有形的如整洁的村容村貌，受到良好保护的历史文化遗存等；无形的如农村实际上存在的一种以血缘关系为核心的邻里关系，并在此基础上建立起来的独特制度——乡规民约。随着社会的变迁，乡村具有共同利益关系的经济合作组织，以及政府组织机构等的作用愈显重要。

4. 空间因素

村庄作为人类聚落与自然资源良好共生的一种群落生境形式，其最富魅力的特征毋庸置疑是显著的田园风光特征，也成为近年来农业观光旅游、民俗风情和乡村文化旅游、第二家园等乡村旅游蓬勃发展的根本基础。而目前在城市化、现代化的进程中，由于城市文化的冲击和村民自发的对城市文明的向往，很多村庄的文化景观特征普遍简单化和淡化，村落布局与建筑风格有逐渐趋同化、小区化甚至城市化的趋势。村庄规划必须关注村庄空间形态的研究，充分挖掘、保护和发扬乡村自然空间景观的自然特征，否则在当前村庄建设过程中，稍有不慎在瞬间就可能永远丧失千百年来生态环境与人文历史的积淀成果。

5. 技术因素

技术因素主要是指一些影响到村庄发展的交通、基础设施和安全等因素。

交通方便是村庄的重要发展条件之一。村庄规模大小、分布与交通状况有密切的关系，往往沿着河流或道路形成一连串的村落，在河流与干道的交会处形成较大的村庄。可以通过改变交通条件来促进或限制村庄发展。

区域性的基础设施和村庄内部的基础设施。区域性的如公路、电力、通信、区域供水管网等。这些设施的规划建设将有力地促进城市文明向农村延伸，加强城市对农村的辐射带动作用。内部的如道路、供排水设施、环卫设施、教育卫生设施、安全保障设施等基本生活设施。这些设施将直接改善村庄的人居环境，提高村民的生产生活水平。

安全性是村庄选址首要考虑的问题。编制村庄规划，需要强化地质条件的调查和村址小气候的分析，避开行滞洪区、易涝地区、滑坡泥石流地带、采矿塌陷区、干旱风沙严重地区等自然灾害影响地段，在微地形的处理上，要注意避免极端的地形，如山顶、陡坡、沟底、河床、湿地等，确保村庄的选址安全。

三、村庄规划的任务及构成

1. 村庄规划的任务

村庄规划最主要的直接作用就是对建设的引导和控制。要注重规模符合实际、布局结构合理、切合村民生产生活特点、具有鲜明的乡村特征。在分析相关区域的经济社会发展条件、资源条件和村庄现状分布与规模的基础上，确定村庄建设要求，提出合适的村庄人口规模，确定村庄功能和布局，明确村庄规划建设用地范围，统筹安排各类基础设施和公共设施，保护历史文化和乡土风情等。同时包括村庄经济社会环境的协调发展，生产及其设施的安排，耕地等自然资源的保护等。通过村庄规划，促进农村经济发展，调整产业结构，有效节约土地，改善生态环境，发展农村社会文化事业，从而推进农村地区经济社会的全面发展和进步。

具体来讲，村庄规划主要有以下三个方面的作用：

（1）引导和调控村庄经济社会发展

从促进村庄经济社会发展的角度出发，针对村庄实际，提出发展思路，确定未来一段时期内村庄的经济社会发展目标，并据此安排相应的用地。从而通过规划来科学合理地引导村庄经济社会发展，并在发展过程中根据实际情况对发展目标进行修正，使村庄始终保持积极健康。

（2）指导村庄空间演变

以村庄规划指导村庄空间演变，通过对一段时期内村庄空间形态的发展趋势的分析研究，充分考虑影响村庄空间变化的自然、人文、经济等方面因素，明晰今后一段时期村庄空间发展的方向、特点和安排，适时应对城市化进程对村庄人口的影响、产生的问题，促进节约用地，有效地指导村庄空间演变，维系特色分明的城乡空间格局，促进城乡协调发展。

（3）规范村庄各项建设

规划需对村庄的各项建设，包括农业产业布局、居民点布局、公共设施和基础设施布局、住宅建设等方面做出综合部署和具体安排，使村庄的建设健康有序地发展。

2. 村庄规划的构成

村庄的规划包括村庄布点规划、村庄规划，都属于空间规划的不同层次。从规划的任务特点来看，村庄布点规划是以乡镇域为规划范围从宏观层面按照乡村空间可持续发展的要求确定各个自然村的布点，和镇村之间、村村之间的相关基础设施的布局，以及需要从镇域范围统筹安排的教育、卫生等公共设施布点。村庄规划以自然村或行政村的村域范围为单元从微观层面解决单个村庄的发展安排和内部空间的问题。

（1）村庄布点规划

村庄布点规划指为促进村庄适度集聚和土地等资源的节约利用，方便农民生产生活，在县（市）域空间布局原则的指导下，依据乡镇总体规划和土地利用总体规划，统筹考虑产业布局、基本农田保护、基础设施和公共服务设施配套、自然地理条件和历史文化传统等因素，对自然村落的数量、规模、职能、相关设施等进行空间安排的规划。

村庄布点规划在乡镇域层面进行各个村庄空间位置的具体确定；在县（市）域层面，注意研究城市化进程中有关村庄的发展规律，进行城乡之间统筹、相邻

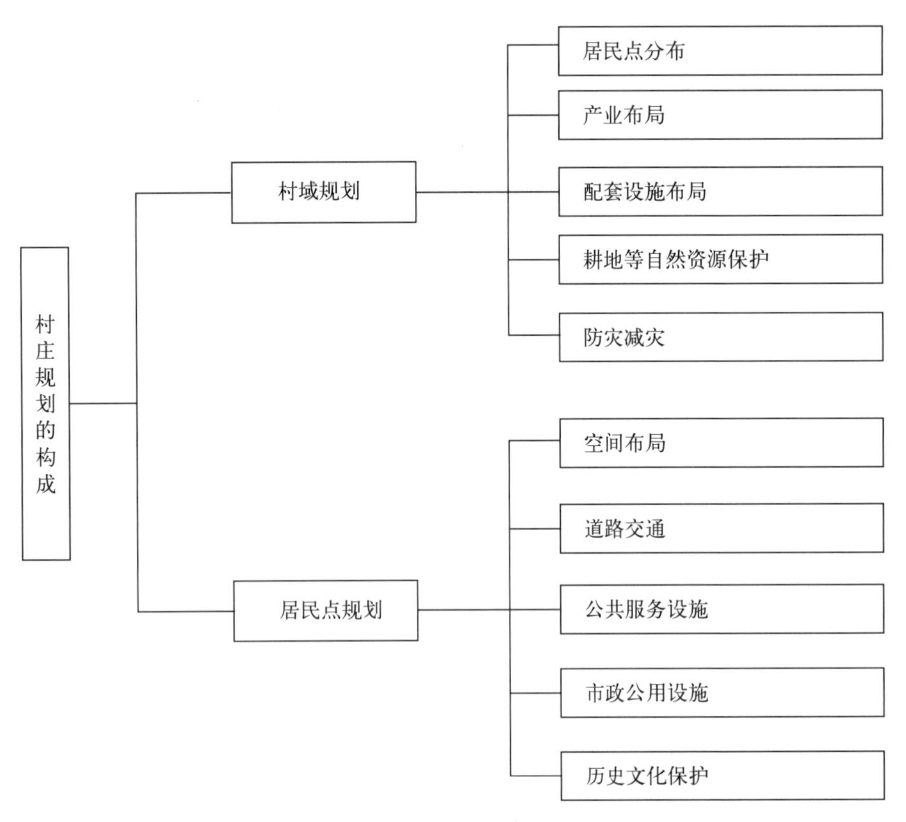

图 3-1　村庄规划的构成

乡镇之间协调，对村庄布点位置和设施配置的合理性进一步校核。以资源环境的集聚集约利用为前提，通过合理优化村庄分布，配建适宜的公共服务设施和基础设施，不断优化农村的发展条件，改变目前农村建设用地无序增长、基础设施落后、公共服务设施不全的状况，解决农村空间可持续发展的问题，促进农村社会经济的协调发展。村庄布点规划将为农村的规划建设提供宏观指导，引导政府公共财政向农村地区的合理投放，并为乡镇域基础设施建设和村庄规划提供依据。

村庄布点规划一般适宜作为乡镇总体规划的组成部分共同编制，在乡镇总体规划已编制完成的情况下，也可单独编制村庄布点规划。当前村庄布点规划应该重点研究几个方面的问题。一是城乡人口的分布与空间利用的方向。在当前及今后一个时期的城市化进程中，大量的长期稳定在城镇从事二、三产业的农民将要不断地转化为城镇居民，城镇周边的一些村庄也将会成为城镇的一部分，还有一些村庄有可能就地城市化而成为城镇地区，因此，不仅要研究现状的农村居民点分布情况，还要根据区域城市化的进程和总体安排，预测规划期末较为稳定的农村人口规模，结合当地城市化的路径分析，合理确定村庄规划布点、人口规模与空间位置。二是统筹安排城市、产业、村庄、生态等各类空间。我国正处于工业化中期，工业的发展在各市县空间规划中均占有非常重要的地位。但工业用地的布局与城镇空间有时无法完全匹配，一些由于区域大交通条件变化的影响而独立存在于城镇之外的工业用地布局对乡村的发展影响极大，需要统筹分析研究。

（2）村庄规划

村庄规划在乡镇总体规划、村庄布点规划的指导下，具体确定村庄规模、建设用地范围和界线，综合部署生产、生活服务设施、公益事业等各项建设，确定对耕地等自然资源和历史文化遗产保护、防灾减灾等的具体安排，为村庄居民提供切合当地特点，并与当地经济社会发展水平相适应的人居环境。村庄规划包括对村庄的平面布局和空间形态的研究，具体安排村庄内部包括住宅、公共服务设施、基础设施等各项建设。村庄规划是村庄建设、整治的依据，规划编制对象是城镇规划建设用地范围以外，村庄布点规划确定定点的村庄。城镇规划建设用地范围内的村庄，应纳入城镇统一规划。根据村庄建设和预控用地等不同需求，村庄规划的深度可有不同的要求。

四、村域规划和居民点规划

村庄规划包括村域规划和居民点规划两部分。

1. 村域规划

村域规划是以行政村为单位，主要对居民点分布、产业及配套设施的空间布局、耕地等自然资源的保护等提出规划要求。

（1）居民点分布

在镇总体规划、乡规划的指导下，确定村域内各居民点的空间位置，明确各居民点的各类用地布局。

（2）产业布局

结合当地产业特点和村民生产需求，合理安排村域各类产业用地（含村庄规划建设用地范围外的相关生产设施用地）。主要包括以下内容：一是集中布置村庄手工业、加工业、畜禽养殖业等产业，污染工业尽量不在村庄保留；二是合理布局村域耕地、林地以及设施农业等，确定其用地的范围；三是结合水系保护利用要求，合理选择用于养殖的水体及其规模。

（3）配套设施布局

指在行政村范围内，根据当地经济社会发展水平和城乡经济社会一体化要求，结合居民点分布、产业布局等，合理配套、统筹布局公共设施和基础设施。

（4）耕地等自然资源保护

村庄规划要尊重和顺应自然，保护生态环境，保护乡村弱质生态空间，保持村落周边绿色山野空间和乡村自然景观，明确基本农田和其他农田保护范围。

（5）防灾减灾

① 防洪排涝

根据流域防洪和当地防洪要求，因地制宜安排各类防洪工程设施。结合农田水利设施要求，合理确定村庄排涝模数和排涝工程设施规模。

② 消防

按照“预防为主、防消结合”的消防工作方针和“以人为本、科学实用、技术先进、经济合理”的规划原则，结合区位、村庄布局、水源布局等，统筹安排消防设施。

③ 地质灾害防治

地质灾害防治应坚持预防为主，避让与治理相结合的原则。村庄规划选址应避开易灾地段，特别是地质灾害易发区，应避免房屋选址在山区的冲沟地区和滑坡易发地区，以及危岩下方。

④ 地震灾害防治

村庄抗震防灾工作要贯彻“预防为主，防、抗、避、救相结合”的方针。根据地震设防标准与防御目标，明确疏散通道、避震场所等规划措施和工程抗震设防措施。

2. 居民点规划

（1）空间布局

充分利用自然条件，合理安排村庄各类用地，突出地方特色。

（2）道路交通

主要内容包括确定道路等级与宽度，道路铺装形式和停车场的设置。

（3）公共服务设施

根据村庄人口规模、产业特点以及经济社会发展水平，配套适用、节约、方便使用的公共服务设施。

（4）市政公用设施

包括：给水工程、排水工程、供电工程、电信工程、清洁能源利用、环境卫生设施、绿化景观、防灾减灾以及竖向等规划。

（5）历史文化保护

明确村庄历史文化保护内容和保护范围。

五、村庄规划的核心理念

1. 城乡统筹，优先推进城市化

城乡统筹发展，就是站在国民经济和社会发展的全局，将城市和农村的经济社会发展作为整体统一筹划，通盘考虑，对城市和乡村存在的问题及其相互关系综合研究，统筹解决。既要发挥城市对农村的辐射和工业对农业的带动作用，又要发挥农村对城市以及农业对工业的促进作用，实现城乡良性互动。

（1）优先推进城市化

城市化是各国经济社会发展的普遍规律，发达国家在 20 世纪 80 年代初城市化水平大多已达 70% ～ 80%，发展中的中国，当然也不能例外。城市化是工业化的必然趋势、农业现代化的重要支撑和归宿、现代市场经济发展的必要条件、第三产业发展的强大动力，反过来城市化又极大地促进工业化、市场化和现代化的发展。目前，我国还处于工业化中期、城市化加速期，城市化水平不高，资本积累还不足以使资源平均分配。党的十六届五中全会通过的“十一五”规划《建议》指出：“坚持大中小城市和小城镇协调发展，提高城镇综合承载能力，按照循序渐进、节约土地、集约发展、合理布局的原则，积极稳妥地推进城镇化。”在现实条件下，继续推进城市化进程，是消除城乡二元结构、解决“三农”问题的基本途径之一。我国当前城市化水平只有 45% 左右，只有让更多农民从土地上解放出来，在城镇中获得稳定职业和收入，并在城镇定居，使留在土地上的农民减少到可能实现农业规模经营和集约经营，使全社会从根本上摆脱传统小农经济的束缚。因此，优先推进城镇的建设和发展，以吸引和接纳更多的农民进入城镇就业发展、安家落户，仍应是今后一段时期统筹城乡发展的重点。村庄规划必须放在城市化这一大的时代背景中来统筹考虑。树立城市化优先的原则，鼓励和引导农村剩余劳动力有序向城镇转移，使城镇的产业发展得到足够的劳动力资源的支撑，更好地带动农村腹地的发展。

（2）统筹城乡基础设施

推进城乡公共服务均等化发展，让更多的农民享受到与城市市民均等的公共服务，是城乡基础设施统筹建设的重要内容与目标。城市基础设施建设有稳定的资金来源与监管体系，城市基础设施向农村延伸，有助于促进城市公共服务向农村覆盖，城市现代文明向农村辐射，促进城乡统筹发展；另一方面，基础设施建设和运行需要一定的规模效应，城乡基础设施统筹建设，有助于降低其建设和运行的总成本，提高农村基础设施的使用效率与资金投入的经济性。

当然，统筹建设中的均等化发展，并不等于“均质化”。由于农村的集聚规模与城市差距较大，而我国又处于城市化快速发展时期，有限的资金的使用，必须通盘考虑基础设施的城乡统筹在投入强度、建设标准、服务层次上的差异。如对一些规模过小、布点过于分散的自然村，区域性基础设施如果一概按照“村村通”的模式，其建设的投入与产出往往不成比例，设施运行效率不高甚至相当低下，某些针对大规模群体的公共服务的内容或层次水平也不适于在村庄布置。这就需要在一定区域范围内统筹考虑基础设施建设运行成本和效率，规划村庄布点，在不适宜相应集聚但又应当布点的地区则应根据村庄特点，研究采

图 3-2　环境整治（整治前）

图 3-3　环境整治（整治后）

用基础设施配套的种类和适宜方式，以协调好最佳发挥基础设施作用和普惠广大农村居民的关系。

（3）城乡空间地域分开

“城要像城，乡要像乡”，是近年来城乡统筹发展中各方面呼吁较多，又很难把握的一个问题。城乡统筹不是消除农村，也不是把农村建得像城市，城市与乡村属于不同特色的两种空间类型，二者的产业结构、功能形态以及生活习俗都有着明显的不同。因此，坚持城乡空间地域分开的理念，维护乡村空间的自身特点，是村庄规划的重要原则。一是坚持空间特色的城乡分开。营造城乡分野的空间景观，合理保护村庄的社会结构和空间形态，建设乡土风情浓郁的村庄。二是坚持产业的城乡分开，第一产业留在农村，第二产业集中到城镇和镇以上工业集中区，第三产业分门别类、因地制宜。明确一产、二产产业空间分开，促进城乡空间布局与产业布局的协调互动，形成二、三产业和非农人口向各级城镇集聚，一产人口向规划村集聚的格局。通过集聚二产促进集中治理污染；通过从事非农业的人口向各级城镇集聚促进城市化进程；通过村庄的适度集聚，促进发展现代农业。三是坚持功能空间区位的城乡分开，坚持文化特色的城乡分开，促进城市文明和乡村文明各自发扬其优势，同时保持和创造各自的特色。

2. 因地制宜，注重特色

除了一般意义上的对地形地貌的因地制宜以外，主要应注意以下几个方面：

（1）切合实际，实事求是

村庄面广量大，各地的地形地貌、区位条件、经济发展、生活习俗、文化传承、建设模式各不相同，同时，村庄的建设与发展，又是一个动态的过程，村庄规划需要统筹兼顾当地的经济社会发展条件，并与村庄的实际需求和可能相适应，做到经济、适用，便于实施。这就要求规划编制人员深入基层，加深研究，切实提高规划的针对性，从而能够切合实际地指导村庄建设整治。

如江苏近年来在指导各地进行村庄建设中，通过制定《江苏省村庄规划导则》，将村庄类型分为城郊型、乡村型、种植型、养殖型、旅游型、工业型、保护型等，各地还结合不同村庄的经济水平、资源禀赋、历史文化等因素进行了分类指导。对于经济发展水平相对较高的农村地区，结合工业集中与农业产业化，完善规划保留村庄的基础设施和公共设施配套，使村庄人居环境质量高于周边散居地区，吸引农民集中居住；对于经济发展水平一般，且以第一产业为主的农村地区，结合村庄建设改造，有效提升人居环境水平；对于经济薄弱村庄，充分考虑农民承受能力、本地经济实力和社会支持潜力，从农民最迫切需要改善的道路、排水、河道等基础设施和环境卫生状况入手，开展村庄整治；对于城市化快速推进地区，加大城乡统筹力度，一步到位地按照城市的标准要求规划建造居住小区，积极推动农民居住向城镇转移；对于特色鲜明或有乡村旅游潜质的村庄，加强绿化、建筑出新、水岸生态处理、利用乡土建筑材料，不推山、不填塘、不截弯取直，做好历史文化遗存保护，着力保护村庄乡土文化风情。

（2）保护历史文化

我国历史文化悠久，幅员辽阔，历史村落众多，它们是各地传统文化、民俗风情、建筑艺术的结晶，反映了历史文化和社会发展的脉络，是先人留给我们的宝贵遗产。在近年的工业化与城市化过程中，不少村落忽略了对历史文脉的保护，或一味拆旧建新，或简单仿古营建，或将遗产保护与社会发展、自然环境及其居民生活割裂对待，都不同程度地对传统风貌造成了破坏。村庄历史文化的保护，首先，是保护历史文化的原真性。对村庄历史文化的保护应当遵循科学规划、严格保护、合理利用的原则，保持和延续其传统格局和历史风貌，维护历史文化遗产的真实性和环境风貌的完整性，继承和弘扬优秀文化。其次，是物质遗存与非物质遗存的统一性。在做好村庄的历史建筑、历史文化街区等物质文化遗存保护的同时，更要深刻认识到，包括各类民俗，民族语言，民间文学、美术、音乐、

图 3-4　古村保护

舞蹈、戏剧、曲艺、杂技、武术、医药和各种传统技艺等非物质文化遗产，是村庄文化延续的脉络所在，同样必须加强保护。再次，是生活的延续性。许多古村落是依然有旺盛生命力的古老社区，要正确处理经济社会发展和历史文化遗产保护的关系，把发展村庄生产，富裕村民生活，作为规划研究的重中之重，使村庄真正成为历史文化的活的载体。

（3）延续地方特色

村庄特色的延续和创造，一方面是人们精神生活的需求，另一方面也是吸引外来投资及外部消费对象的重要因素。强调保护具有地方特色的村庄，从建筑、规划布局、地形地貌、产业、风俗习惯等多个方面努力挖掘特色内涵，延续原有的村庄脉络，保护乡村景观，弘扬和塑造村庄特色。有乡村旅游发展前景的村庄，更必须在保持现有格局和风貌的基础上，使村庄环境和景观建设的特色得到更充分的体现，营造出乡村风情浓郁的自然村庄特色形象，为推动村庄乡村旅游的发展创造更好的条件，从而带动村庄经济社会发展，富裕农民。

（4）选址的安全性

村庄选址应避开行滞洪区、易涝地区、滑坡泥石流地带、采矿塌陷区、干旱风沙严重地区等自然灾害影响地段，在微地形的处理上，要注意避免极端的地形，如山顶、陡坡、沟底、河床、湿地等，确保村庄的选址安全。

3. 适度集聚，有利生产生活

（1）适度的村庄集聚规模

我国人多地少的国情，引导村庄适度集聚，有利于促进村庄建设用地从粗放到集约的转变，推动人居环境的改善与资源集约利用水平同步提高。要立足当地经济、社会、人口发展水平，按照“有利农业生产、方便村民生活”的要求，进行统一规划，因地制宜地适度集聚。村庄集聚要根据经济社会发展水平和农业现代化进程，综合考虑地形地貌、区域性基础设施通道条件、农业产业结构特点、产业的经济规模，确定合理的劳作半径；应考虑公共设施和基础设施配置的经济合理性，从实际出发，合理确定村庄人口规模。对于生态环境较为脆弱的地区，要注意严格控制集聚规模。

（2）适应村庄适宜产业发展

村庄规划，应对村庄的地理特征、风土人情、有可能发展特色产业的各种要素进行分析研究，提出有针对性的产业发展思路，规划产业发展空间和用地。一般而言，村庄以第一产业为主，在一些有条件的村庄，可积极发展诸如乡村旅游业、特色手工业等特色产业，但应避免乃至杜绝有污染的工业在村庄布点。

（3）基础设施和公共服务设施的合理配置

村庄的各项基础设施和公共服务设施规划首先应当按照城乡统筹的要求，

优先考虑城市基础设施向农村的延伸，统筹考虑城镇和农村的基础设施和公共服务设施建设。在经济技术条件可行的情况下，注重基础设施的规模效应，大力推进区域基础设施的共建共享，特别是在城乡一体化的供水、垃圾处理、公共交通等方面应先行一步。村庄内部的基础设施和公共服务设施的配置，应当按照人口规模、产业特点、地形地貌等条件，合理分级配置，确保经济、适用、方便村民生活，发挥其应有的作用和效率，避免过于超前或浪费资源。

4. 村民自治，发挥农民主体作用

（1）尊重农民意愿

村庄规划服务的对象是农民，与农民的切身利益密切相关。在规划编制和实施过程中必须充分听取村民的意见，从解决农民最迫切、最直接、最关心的实际问题入手，避免大拆大建、急于求成、强迫命令，尊重村民健康习惯，切实维护村民的合法权益。

（2）积极引导农民科学健康生活

对于不健康、不文明、不合理的生产生活方式要通过规划加强引导，达到规划引导与农民自愿的统一，使规划的意愿能成为农民的自觉行动。

（3）量力而行，循序渐进

村庄规划对村庄建设和发展的指导，应统筹考虑村庄的近期需求和远期发展的连续性。规划和实施的重点，应该着重于解决近期内农民要求最迫切、凭借现有条件能够做起来的事情。不能急躁冒进，不宜下硬指标，更不应搞“形象工程”。

第二部分 村庄规划要素

第四章　村庄规划的基本要素

一、地形地貌

地形地貌是影响村庄规划非常重要的因素。千百年来的农业社会中，村庄遵循“天人合一”的思想，顺应地形地貌的变化，形成了丰富多样、各具特色的传统村庄形态。村庄规划应尽量继承村庄历史脉络，延续原有空间肌理。总体而言，按照地形地貌影响的特点，村庄规划可以分为丘陵山区、平原、水网地区三种主要类型。

1. 丘陵山区

规划丘陵山区村庄，处理好地形高差非常重要。山地村落为了适应地势的变化，通常采用两种布局方式：一种是平行于等高线方向布置，另一种是垂直于等高线方向布置。

平行于等高线布置的村庄，主要街道多与等高线弯曲形势一致，巷空间垂直于等高线，建筑沿等高线横向展开，与山势紧密呼应。主要有位于山坳呈内凹型的村落，也有位于山脊呈外凸形的村落。位于山坳的村落向心内聚，以山为屏障，给人心理上更多的安全感；位于山脊的村落外凸扩散，视野开阔并更利于通风。

垂直于等高线的村庄，主要应注意处理好跨越等高线，建筑沿地面起伏随坡就势拾级而上，村庄整体沿山势攀高延展，着重展现出重重叠叠的空间形态。

丘陵山区村庄布局应尽可能不改变地形地貌，以保护大自然、减少工程量、节约建设成本，同时必须避开洪涝、滑坡、泥石流、崩塌、地震断裂带等自然灾害及其次生灾害影响地段，与周边水系等自然环境也要统筹考虑，保障与自然环境相融合的整体空间关系。

图 4–1　丘陵山区村庄

2. 平原地区

由于平原对村庄建设的地形制约不大，所以平原地区村庄形态的规划具有很大的自主性。由住宅建筑围合形成的街巷空间是人们主要的公共活动场所，因此规划应注意对街巷空间的构思。村庄形态常由一条街和沿街毗邻排列的建筑构成。随着村庄规模的扩大，为了不使街道延伸过长以方便相互联系，要适当安排巷空间，建筑沿巷道纵深发展，形成由街巷构成的网络式布局。平原地区村庄规划特别应注意多样性的农村居住空间形态的创造，努力避免棋盘式布局的单调排列。

在平原地区规划村庄布局应合理安排村庄各类用地，避免过度分散，同时应注意生活用地与生产用地、家庭副业用地的有机结合，以方便生产、改善生态、丰富生活、美化自然乡土景观。组织建筑群体应充分结合地形地貌、道路网络、村组单元和整治内容，将村庄划分为若干大小不等的建筑组群，形成有序的空间脉络。应避免城市小区式的建筑布局形式，营造丰富多变的街巷空间，为村民提供多样的公共活动场所，提升村庄活力。

图 4-2 平原地区村庄

3. 水网地区

在水网密集地区，必须重视对水街、水巷、码头、桥等滨水空间要素的处理。水系既是农民对外交通的主要渠道，也是生活的重要场所，水网还决定着整个村庄的形态特征，池塘、湖泊周边往往是村庄的公共活动中心。利用水系，使得村庄的空间环境更加富有情趣。首先，河道的走向和宽窄的变化使得建筑与河道之间形成了多种多样的形式，自由多变的河道成就了丰富多变的空间形态；其次,水的软性介质特点不但自身具有亲和的魅力,同时由于水的存在而引入了码头、小桥、河埠等多种空间要素，村庄由此形成开合有致、层次丰富的空间形态。

在水网地区进行村庄布局时，应充分结合水系这一自然条件，适当进行水体梳理，着重营造亲水空间，使村民的生活与水紧密结合起来，同时也要注意水体的保护，形成具有优良环境品质、富有特色的滨水空间。

村庄布局应处理好水与道路、水与建筑、水与绿化、水与产业、水与人的活动之间和水与水之间的关系，充分发挥滨水环境和景观的优势。

二、村落文化

1. 村落文化内涵

村落文化是指以自然村庄的血缘关系和家庭关系为繁衍基因而产生能够反映村落群体人文意识的一种社会文化。

图 4-3　滨水空间

图 4-4　柳琴戏

图 4-5　庙会

村落文化的基本关系是血缘与地缘的关系。从血缘角度看，村落中依然存在着较为密切和广泛的亲属关系网，这张网是人们确定亲疏远近的身份证。家族依然在某种程度上有着延续村落及村落文化的基本功能。由于家族血缘关系是维系村落文化的天然基质，因此村落文化就生长的地域和环境来说是分散的，这也体现了村落文化的地缘关系。

村落的基本特征是乡土性和传统性。村落文化是一定地域范围内，村庄居民长期以来所形成的共同的行为方式、感情色彩、道德规范和生活习俗，是一定历史背景下的共同传统，因此具有传统性。同时，村落文化扎根于土壤，显示着人与自然的密切联系，两者的紧密结合形成了村落文化，因此具有乡土性。

村落文化包括物质和非物质两种形态。物质形态主要体现在乡土建筑空间形态等方面，非物质形态主要体现在乡风民俗等方面。村落文化是影响村庄建设规划的基本因素之一。

村落文化的载体主要有村庄布局、民居建筑、祠堂庙产、族谱家规、村规民约、民间音乐、民间故事、传统技艺、婚丧嫁娶及饮食习俗，还有精英人物的影响力等等。

2. 村落文化的保护与传承

随着社会经济的不断发展、城市化进程的加速推进，城市文化的主体和先导地位不断加强，城市生活方式在向乡村转移，城市文化正在向着广大的乡村渗透，村落传统文化在逐渐衰减甚至消失。与此同时，村落文化也在进一步提

图 4-6　古黄河湿地

升，如物质方面，村民居住质量明显提高，生活环境有了一定改善；非物质方面，一些不健康的习惯正在跟上时代的步伐，保守、“小农意识”也在逐步改变，等等。但在这城乡文明交融的过程中，也有很多好的村落文化在快速丧失，如物质方面，传统建筑在消失，村落空间形态特色在同质化、城市化；非物质方面，纯朴的风俗、礼仪和特色传承的意识淡薄，传统文化的延续出现了危机，等等。因此，在村庄规划中，保护与传承村落文化尤为重要和迫切。

对应于村落文化的物质和非物质两种形态，相应有两种保护和传承方式。

物质形态村落文化的保护，主要包括三个层次。第一层次为保护与自然和谐的村落外部空间形态，包括保护村落的自然要素，如山体、河流、池塘等，保护村落与这些自然要素的和谐关系；第二层次为保护本地区的传统建筑风格，如苏州的粉墙黛瓦、云南的一颗印、闽南的土楼、傣族的干阑式等，保护具有特色的传统村落空间格局，如院落、建筑组群、街巷等；第三层次为保护具有历史、艺术和科学价值的文物，包括古建筑、古树、古井、近代现代重要史迹及代表性建筑等不可移动文物，还有族谱、家谱、历史上的重要实物等可移动文物。

应该把保护好这些现状作为村庄规划的重要内容，同时也应研究充分利用这些现状为发展服务，这样才能有效传承这些宝贵的传统文化根基。

非物质形态的村落文化，主要包括村落的民俗、民间文学、民间美术、民间音乐、民间舞蹈、民间戏曲、民族语言和各种传统技艺等等。

图 4-7　村庄古建筑（左）
图 4-8　村庄古树（右）

传承是保护非物质文化的前提。传承包括三个方面：一是保护传承方式。村落的文化传承通常可以分为家庭传承方式和社会传承方式。在偏远封闭的村落里，所谓社会传承，主要就是村落传承，而且往往是将家庭传承与社会传承融合在一起的村落传承。因此，对具有传承文化的家庭，要给予特别的关注和激励。二是保护传承人物。在村落文化里，这个村落的村民通常都是村落文化的传承人，因此保护村落文化首先要保护村落原住村民的稳定性和主体性，尤其要保护好有着特别作用的传承人。对传承人要制定具体的保护措施，确保其后继有人。三是保护传承载体。文化传承的载体是多样的，对于这些多样的文化传承的载体，必须充分地予以保护。如民间音乐的器具、传统生产的工具等等。

三、村民住宅

1. 概述

(1) 村民住宅的意义

首先，从形象上看，它是村庄的主要内容。村民住宅建筑用地（含住宅院落）占整个村庄建设用地的绝大部分，比例可达到 70% ~ 80%，甚至更高。村庄景观主要包括地形景观、绿化景观、道路景观和建筑景观，四者相互依存，通常情况下，住宅建筑景观是地方特色的体现主体。

其次，从功能上看，它是村民生活和生产的载体。与城市住宅不同，除了居住功能外，农村住宅还有家庭生产活动的功能，如饲养、编织等，甚至还有家庭手工业作坊的功能，如小型来料加工业、传统的手工业等。此外还可能有储存工具、杂物以及堆放柴草的需求。对于带有庭院的住宅来说，还可以在庭院里晾晒、种植等。

村民住宅也是村落文化的一种体现，包括地域特征和文化理念。各地农村的自然条件、生产特点、生活习惯、民族风俗都不相同，在住宅的平面布置、建筑形式、建筑构造等方面，各地多有不同的传统、不同的建筑风格。降水多的南方屋顶坡度大，降水少的地区屋顶坡度小；南方的堂屋，除了家庭生产功能外，还是一家的生活中心，从事家务活动，接待亲友，都在堂屋进行，在北方，堂屋多和厨房结合在一起，冬季做饭和采暖一把火；北方为了便于取暖保温，住宅层高宜低一点，南方气候炎热，要求房间通风敞亮，层高相对较高；村民住宅还是一定时期文化理念的体现，如“你家不能比我家高一寸”，“我家不能比你家退一尺”，村民住宅面积越盖越大、越盖越高等，就是一定时期的消费理念的体现；不同时期建造的住宅风格不同，也是一定时期特定区域的审美偏好。

科技进步给人们旧的物质生产和精神生活带来了有力的冲击，很大程度上也影响着村民住宅的变化。新型材料的运用，如节能的外墙材料、外保温技术，化学建材的塑料门窗、管道、防水、涂料，结构中的钢筋混凝土等，都为住宅的安全、节能、舒适方面提供了支撑。科技发展改变了农业生产方式，如农业机械化、农业废料的再生利用等，也带来了传统农村住宅储藏功能的变化。科技发展还迅速地引导人们生活方式、思维方式、价值观念的更新，燃气取代了柴火，冲水厕所取代了旱厕，有线电视、网络进入农村家庭，沼气、太阳能的使用，等等，都直接影响村民住宅的功能及形式。

（2）村民住宅的建设概况

随着农村经济的蓬勃发展和农民收入的增加，农民在物质生活和精神生活上的追求都越来越高，村民住宅也产生了适应现代化生活的变化趋势。住房面积大大增加，由改革开放前的人均不足 $10m^2$，发展到目前的人均几十平方米；由“住得下”到“分得开”，发生了质的飞跃；居住质量明显改善，

图 4–9　苏州的住宅

图 4-10　南方的堂屋

由原来的“土坯房”变成“砖瓦房”，部分地区还盖起了楼房；房屋装饰也开始兴起，由以往的“盖得起”发展到“装得起”；生活模式也随着住宅悄然改观，由原来的“家徒四壁”到家用电器、通信设施、交通工具等应有尽有。居住舒适度明显改善，村民住宅的整体水平普遍提高。

同时，农村住房建设在发展中也产生了一些必须关注的问题。

一是消费观念的非理性。不少村民存在着贪大求洋、盲目攀比的心理，住宅面积越盖越大，在宅基地受到限制的情况下，楼越盖越高，甚至还有自家装电梯的，完全超出了合理需求。

二是农村住宅的城市化。随着进城务工的农民越来越多，农民对城市了解也有所增多，由于村民住宅仍然以自建为主，多是凭着个人对城市的理解和向往，来建设自己的家园，因此，住宅建设割断了传统的乡土文脉，而成了一种农民自我理解的城市文化。

三是农村住宅的特色丧失，建设过程中，忽视了村庄所处位置、地貌特点、民族特色、风俗习惯等不同的具体特性分析，造成了新村建设风格一致，老村整治面貌雷同，出现了“千村一面”的趋势。

在村庄规划中必须针对这些问题研究对策，制定可行的措施，使村庄的建设能够坚持正确的方向，避免在建设中导致优良传统文化的丧失。

2. 基本原则

(1) 适用经济、集约节约

农村住宅容纳了较多的生产辅助功能，养殖、种植等庭院经济也是农民收入的重要组成部分，因此村庄住宅平面布局必须合理安排各项功能，以适用为第一要求。在适用的前提下注重经济因素，面积不贪大，层高应适中，材料

图 4-11　优美的乡土生态

耐用、简朴、乡土。

提倡建设节能省地型住宅。应选用当地热工性能好的建筑材料，降低能耗；充分利用太阳能、秸秆气、沼气等当地便利和成熟的技术，节约能源，并应注重从节能角度合理控制居室面积和层高标准；充分利用丘陵、缓坡和其他非耕地进行建设，节约用地。

（2）保障安全

住宅选址在村庄选址安全的基础上，还应考虑所在地块的具体情况，有针对性地采取安全措施；住宅建设应满足抗震、消防等相关标准的要求。

（3）乡土生态

农宅设计应探索适合当地建筑材料的建筑艺术造型和表现手法，体现农房浓郁的乡土气息。应因地制宜，最大限度保持原地形地貌，扩大物种多样性，提高村庄的绿量。注意将居住用地与生产用地、家庭副业用地、林地等合理穿插结合，促进保持和利用农宅的乡土生态特点。

（4）保持地方特色

充分利用当地自然环境、历史文化和特色地形地貌等条件，师法自然，尊重历史，通过户型、建筑材料、建筑风格、住宅色彩、住宅类型的多样化等方面，努力体现各自不同的地方特色。

3. 住宅要素

（1）面积

影响农村住宅面积有多种因素。最直接的因素是村民的经济能力；其次是家庭结构和社会结构因素，人口多、血缘联系较长的家庭当然需要更大的居住面积；地区的文化理念，特别是消费观念的差异也是影响住宅面积的重要因素，如山区住宅面积一般较小，平原地区相对较大，沿海部分地区甚至出现独户住宅六层的现象。具体可以从以下几个方面分析。

① 经济能力与消费理念

经济能力与住宅面积有着直接的联系，一般来说，经济条件较差的地区，往往住宅面积小，经济发达地区住宅面积大。但经济的发展应该体现在居住舒适度的提高，面积标准只是其中的一个因素。面积是服务于功能的，为完善住宅功能需要一定面积，但绝不是面积越大功能就越好。因此应该摒弃盲目攀比、贪大求高等不正确的消费理念，倡导正确的消费观，在满足基本居住需求的前提下，不应再片面强调人均住房面积，而应重点关注住宅的功能质量。

② 家庭、社会结构

在广大农村地区，近 80% 的家庭尚存在三代、甚至三代以上的“大家庭”，这与城市的家庭结构截然不同。究其原因主要是农村地区社会福利、保障政策与制度不够健全，加之传统家庭观念的影响，使得绝大多数农村家庭仍然延续多代同堂的传统居住模式。这样的家庭结构与人口数必然反映在对住宅面积、户型的需求上，因此制定面积标准应充分考虑这一因素。

根据家庭人口结构及其分室要求可以划分为下列基本户型：

一堂一室（即一间堂屋、一间卧室），供一人居住；

一堂二室，供四口以下的二代人住；

一堂三室，供四至六口的三代人居住；

一堂四室，供七口以上三代人的家庭居住。

此外还需根据生产需求特点相应配套一定的储存用房。

根据对我国历年农村住宅设计竞赛优胜方案的统计表明，在满足农村居民生活、生产需求的前提下，人均住房面积一般在 $30m^2$ 左右即可保证良好的居住功能。若使用沼气，可附加沼气所需面积。土地资源紧张或受地形影响较大的农村地区，面积指标可适当调整，幅度不宜超过 15%。

（2）户型

① 农民的生活方式特点

农户根据生产方式的不同可分为种植户、养殖户、运输户、打工户等，不同的生产方式决定了不同的生活方式。养殖户和种植户的住宅除了要满足日常使用功能，还需要满足存放农机具和农产品等功能需求；运输户要配备存放运输设备的场所；打工户则可以适当减少户型中的储藏空间。

② 设计参与

当前大多数农民住宅依旧采取自建的方式，住宅的户型基本依靠瓦匠根据自己的经验和延续一贯的方式来建设，或是根据地方的瓦匠对城市住宅的理解在农村住宅中的实践，基本没有设计理论的指导，因此住宅户型总体形式不丰富。随着经济收入的提高，村民对提高生活居住水平的需求也日益增长。当前村民独自委托设计机构进行住宅设计时机还不成熟，有必要由政府相关部门组织推荐适合本地的典型住宅户型，提供给村民自主选择建设，实现农村住宅的设计参与。

（3）建筑风格

村民住宅的建筑风格基本代表了村庄的建筑风格。村民住宅建筑风格应当体现当地的生产生活习惯与文化特征，并与当地自然环境相协调，同时还应反映不同地区不同的经济状况和科技水平。村庄规划中对于村民住宅的建筑风格主要应从以下三方面考虑。

① 应注重建筑风格的继承与创新。继承是对现有建筑风格的延续，以此来保持地方特色，创新是为了适应村民生产生活方式的改变对传统建筑风格的影响。

② 应体现当代的建筑设计理念与科技进步。建筑设计理念是某一个特定时期人们对政策要求、审美观、生活需求、科技水平等多方面的集中反映。规划中应当因地制宜地恰当运用相关理论和方法，合理选用适宜当地的建设科技成果，以形成特定时间段的建筑风格。

③ 应倡导建筑风格的协调与多样化。协调是指在一定范围的村庄建筑风格的协调，用建筑风格的协调来体现村庄特色。多样化是指在较大区域内的建筑风格应多样化，用多样化来体现村落文化的多元化，来满足不同地区人们生活的不同需求。

（4）建筑材料

传统住宅受科技水平和经济条件的限制，建筑材料首先选用当地天然存在的材料，林区最为常见的住宅是各种木屋，草原地区多以轻韧的蒿草作为盖房材料，山区则用各种石材作为屋墙，甚至房顶也用板岩铺盖，农耕区则以稻草麦秆盖建屋顶，南方多用竹子等等，就地取材，节省经费。因此，传统建筑材料必然与当地自然环境相适应。

随着科技水平的进步，经济社会的发展，人们受自然条件的约束相对较小，当代住宅建筑材料品种丰富，产品类型更新较快。影响村庄住宅建筑材料使用的因素主要包括以下几个方面：

① 科技水平

科学技术的发展使得各种新型材料尤其是人工合成材料不断面世，这些新材料往往具有天然材料所不具备的特性，如高强度、很强的韧性、塑性、黏性等，并且色彩多样。因此，建筑材料会随着科技水平的进步不断更新与丰富多样，给村民建房提供越来越多的选择。

② 经济能力

建筑材料的多样性形成了建筑材料的差别性。其差别体现在多个方面：舒适度、安全性、美观、环保、节能，等等。不同材料价格各异，甚至相差巨大。村民的经济能力决定了住宅的用材水平，规划中切忌脱离实际地提出过高的标准和要求。

③ 文化理念

文化理念的差异会导致住宅建筑用材的不同。相对比较封闭的、传统的农村地区继续延续使用着天然的材料，新材料、新技术的运用相对较缓慢；相对开放的、与城市交往频繁的农村地区，往往能较快地使用新型的建筑材料。文化理念的差异也会导致建筑材料使用的不合理性。过量使用天然材料会导致资源的破坏，新材料使用中贪大求洋、不切实际的做法，还会产生与乡村整体风貌不和谐的问题。

④ 设计参与

当前村民住宅还是以自主建设为主，建设的主体是村民。由于条件的限制，一般村民对建材市场的了解甚少，对建筑材料的性能了解则更少，哪些是环保的，哪些是节能的凭村民自身很难判断。因此，在住宅材料的选择上，设计参与很有必要，主要应从安全、环保等方面提供技术引导支持。

⑤ 政策导向

建筑材料还与一定时期的政策导向有关。建筑的墙体材料能否达到国家节约资源的要求，窗户用材是否达到节能的要求，外墙涂料是否达到环保的要求等。另外，国家倡导的成品材料和整体装配材料的运用，也会对村民住宅的建筑材料使用起到重要的导向作用。

(5) 建设方式

村民住宅建设方式与城市开发建设不同，城市一般是统建统售，农村一般还是延续自主建设的方式，延伸出自建、代建、帮建三种方式，从建设主体来看，帮建也算是自建的一种形式。

村民自建在农村住宅建设中具有一定的优势：它能充分体现建房户自己的意愿，能按照自己的经济实力建设，能选择自己认为合适的时间去建设，所以村民自建仍然是当前主要的建设方式。但村民自建也存在着不足：一是规划实施难度加大；二是自建中过度节材省料比较普遍，建筑安全存在隐患；三是政策要求难以落实，往往出现宅基地超标、建筑面积超大的现象。而代建的方式能通过有效的管理解决这些问题。代建一般适用于村庄建设量较大、建筑更新较快的地区。但代建也存在建设时序、经济承受能力、个性化要求和代建管理能力等方面的问题。因此，采取何种建设方式，应该结合当地的实际情况去选择。

（6）典型传统住宅类型

我国幅员辽阔，由于地理、气候和生产方式、社会特点、建筑材料等影响，很多地区在漫长的历史中形成了独具特色的住宅类型。由于乡村文化的稳定性和经济发展相对滞后，反而使传统住宅类型在农村得到较多的延续。这些优秀的传统类型都可以成为现代农村住宅设计创新的源泉。主要有以下类型：

① 徽州民居

徽州民居大多是两层楼房，楼下中堂以粗大月梁减柱，获得较大的起居空间；各间梁架，中间两排常用偷柱法，而山面则每架有柱落地，这样内部空间较开敞，同时结构的整体稳定较好。

庭院通常较小，称之为“天井”。明清是徽商鼎盛、民居大量建造的时期，经商者分户独立，讲究安全实用，不求显露，一般群体规模较小，粉墙黛瓦的高雅色调成为其最直观的统一特色。

图 4–12　宏村民居剖视图
（资料来源：王其钧．图解中国民居．中国电力出版社，2008.）

图 4-13　两进四合院式徽州民居
（资料来源：王其钧 . 图解中国民居
中国电力出版社，2008.）

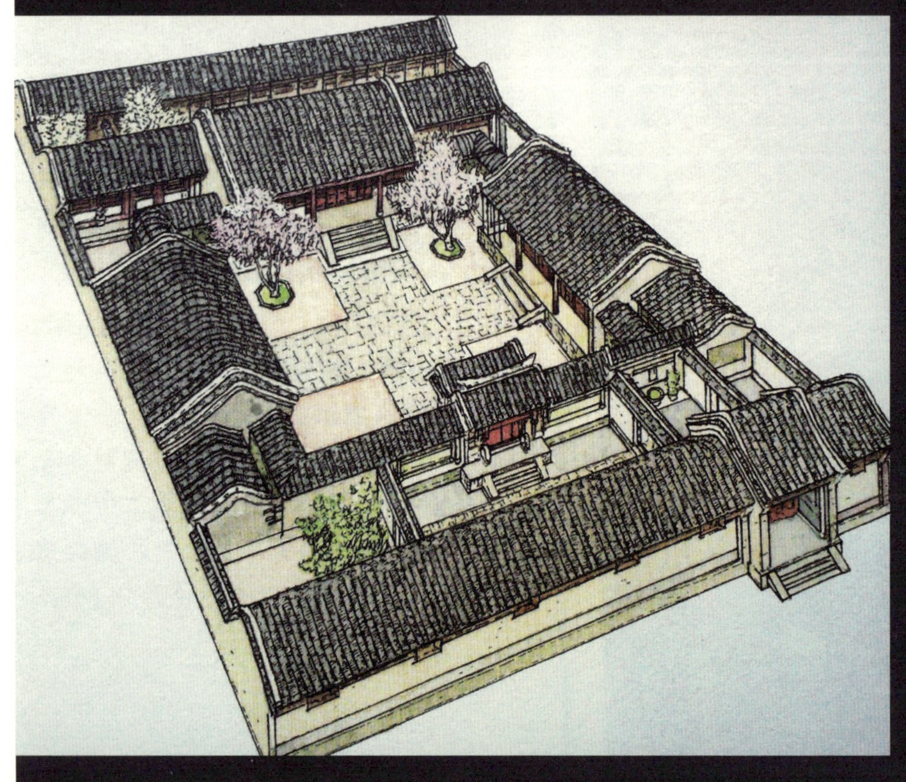

图 4-14　北京四合院整体鸟瞰图
（资料来源：王其钧 . 图解中国民居
中国电力出版社，2008.）

② 北京四合院

北京四合院是华北地区明清住宅的典型。这种住宅的布局具有强烈的封建宗法制度特点，尺度与空间安排也很成熟。住宅严格区别内外，尊卑有序，讲究对称，对外隔绝，自有天地。大门位于住宅东南。街对面通常设有照壁。前院常很浅，与内院以中门院墙相隔。

四合院中最显要的一座房屋就是正房，主体通常是一座面阔三开间的高大房屋，在它的两侧又各建有一座一间或两间的耳房。简单的四合院仅分内外院，大型四合院则有多重院子，且庭院面积较大，日照充分，各房通风日照均较好。实践证明，这种布局是风沙较多的华北地区比较理想的居住建筑模式。

三进四合院是北京四合院中的标准形式，多为旧时中等家庭采用。大型四合院都是在三进四合院的基础上扩展而成的，有四进院落、五进院落等，如果纵向上无法扩展，则向两侧横向展开，形成并列的四合院组群。

不论是从整体院落来看，还是从中心主院来看，北京四合院的内向性特征表现都极为明显，整体感觉平实内敛、亲切宁静又布局严谨，空间意象强烈。

③ 苏州民居

苏州是典型江南水乡地区，河网密布，物产丰富，生活富裕。历来是富商巨贾聚集之所。文风兴盛，读书、做官、致仕回乡盖屋，形成了特色鲜明的住宅风格。

因为河流密布，住宅多面河采用前后贯通的天井院落形式向纵深布局。一

图 4-15　北京四合院主院
（资料来源：王其钧. 图解中国民居. 中国电力出版社，2008.）

图 4-16　北京四合院俯视
（资料来源：王其钧. 图解中国民居. 中国电力出版社，2008.）

图 4-17　苏州临水民居
（资料来源：王其钧. 图解中国民居. 中国电力出版社，2008.）

图 4-18　苏州水乡民居内院
（资料来源：王其钧. 图解中国民居. 中国电力出版社，2008.）

图 4-19　福建南靖土楼
（资料来源：王其钧．图解中国民居．中国电力出版社，2008.）

图 4-20　圆形土楼
（资料来源：王其钧．图解中国民居．中国电力出版社，2008.）

个围合的天井院称为“一进”，是苏州民居最基本的单元，也是苏州水乡民居的重要特色之一。

从规模来分，苏州民居可分为大、中、小三类。

大型民居纵向多达五六进，有时横向也有几列，几列多进院落组成建筑群，且多带有私家林园。

中型民居一般是三进至五进，主要房屋有门厅、大厅、上房等。少部分规模稍大的也有微型花园。

小型民居在苏州民居中数量最多，布局也更灵活自由，更注重实用性，构造简单，经济节约。小型民居大多为平房或二层楼房，房屋虽然不多，规模也不大，但是平面造型却比较多样，长方形、曲尺形等，有三面围合的三合院，也有四面围合的四合院，都因地势实情或生活需要而定。

④ 闽南客家土楼住宅

客家土楼的主要类型有五凤楼、方形土楼、圆形土楼三种。其中，五凤楼出现最早，圆形土楼出现最晚也是最成熟的形态。除此之外，还有一些椭圆形、八卦形、半圆形、伞形等异形土楼。土楼外围高墙围合，高处设窗用以防御。内部是一层层、一间间的房屋。这种聚族而居可达数百人的堡垒式住宅，是源于客家人迁徙至此为防械斗侵袭而产生的独特类型。其夯土墙厚达 1m，土内掺少量石灰，并配以不同粒径的砂、石屑、小卵石等，拌合夯筑，坚硬如石，虽经两三百年风雨，犹自屹立如新。

五凤楼是由居于中轴的堂屋和两侧的厢房组成，整体造型有如展翅的凤凰。五凤楼的基本形式是三堂两横，三堂即中轴线上从前至后建有三座厅堂，两横即在三堂的两侧各有一座横屋，横屋也就是厢房。在此基础上的变化形

图 4-21　五凤楼剖视图
（资料来源：王其钧．图解中国民居．中国电力出版社，2008.）

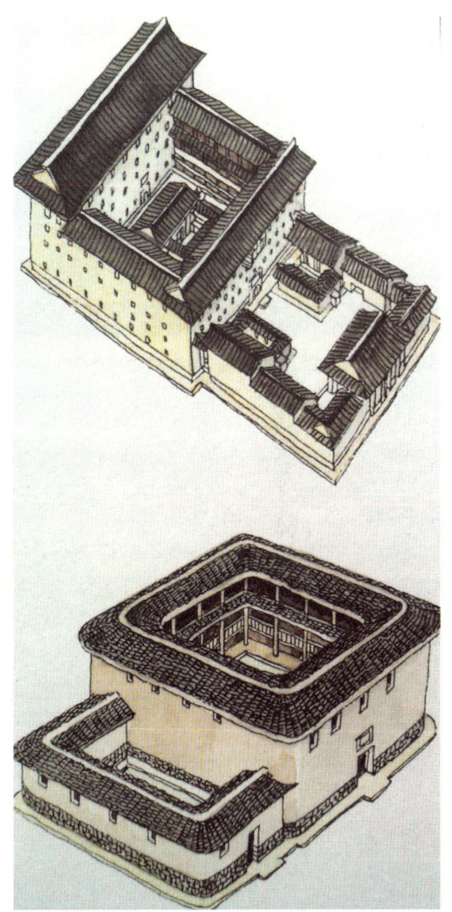

图 4-22　带有楼前院的方形土楼造型
（资料来源：王其钧．图解中国民居．中国电力出版社，2008.）

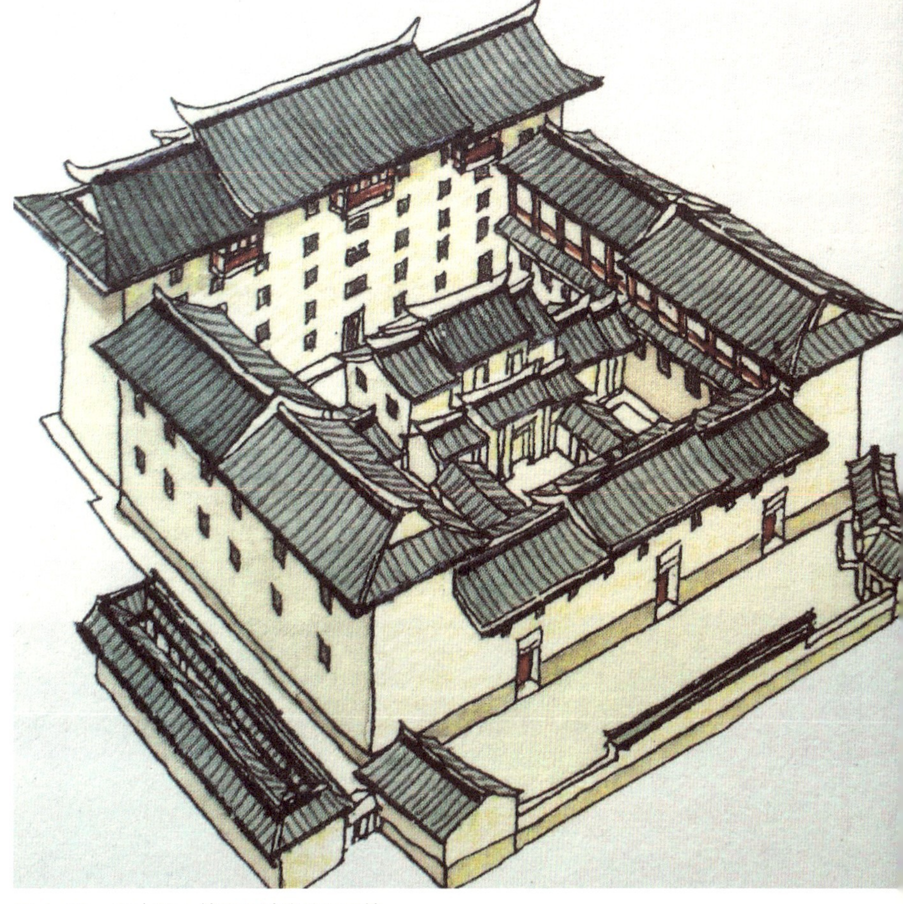

图 4-23　向方形土楼形态过渡的五凤楼
（资料来源：王其钧．图解中国民居．中国电力出版社，2008.）

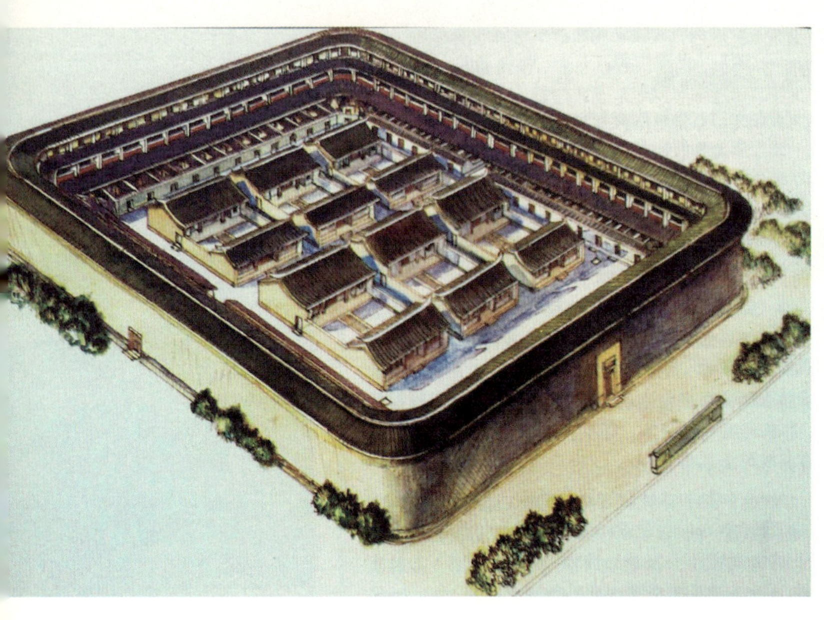

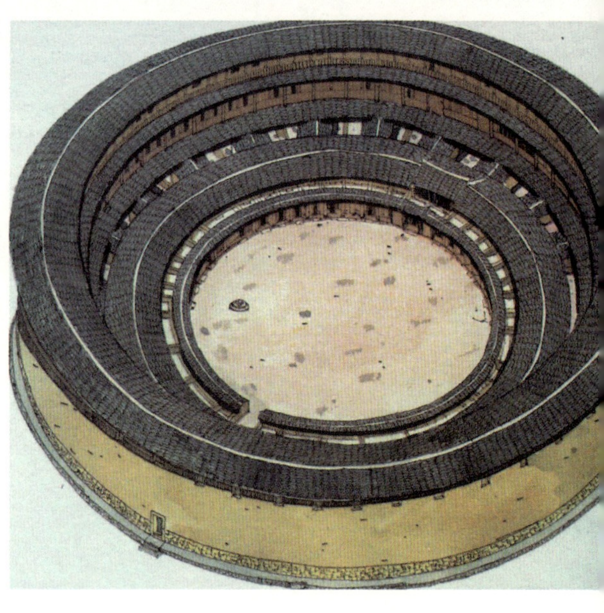

图 4-24　方形圆角土楼（左）
（资料来源：王其钧 . 图解中国民居 . 中国电力出版社，2008.）

图 4-25　方圆的组合（右）
（资料来源：王其钧 . 图解中国民居 . 中国电力出版社，2008.）

式，如：两堂室、三堂室、三堂四横式、三堂两横加倒座式、三堂两横加后围拢式等。

一座方形土楼内大多住着同宗同族的几十户人家。供奉祖先的祖堂设在中轴尽端底层楼的一间，或在院中另建。方形土楼的内部布局主要有两种形式——内通廊式和单元式。内通廊式的方形土楼，内院比较空敞，可以作为晒谷场等其他使用场地。单元式方形土楼不留开敞的内院空间，但建筑层次感更显丰富。

现存圆形土楼平面直径最大者达 70 多米，内外三环，房间总数达 300 余间；层高由外环向中心降低，以保证内部采光通风良好；底层一般用作厨房、畜圈、杂用；二楼储藏粮食，底层和第二层外墙不开窗；上两层为住房，向外开窗；内侧为廊，连通各间。中心为平屋，建祠堂，为族人议事、婚丧行礼及其他公共活动用。

⑤ 川西山地住宅

四川盆地多山地丘陵，为适应地形，住宅布局灵活自由。朝向有东向、南向和西向；因地形所限，一般不向纵深发展而多横向并列；平面以院坝为中心，常以三合院围绕院坝。正中为堂屋，侧为家长住室，两厢为晚辈居室及厨房、仓库等辅助用房。山地住宅分散，常一宅一院，四周是排洪沟，周边种植竹木。

根据平面特点，四川传统民居可以分为一字式、丁字式、三合院式、四合院式、重台重院式、走马楼式、吊脚楼式等，各自适应不同的地理环境或是生活需要，也因此呈现出不同的建筑形态特点。

一字式平面是四川民居的常用形式，较为简易。一字式只有一座平面呈一字形的房屋，没有正房和厢房之别，通常没有院落围合。一字形平面的房屋大多是三开间，中间是堂屋；两侧一为卧室，一为厨房和杂物间。这种形式是川西山地住宅中最为基本和简易的住宅形式。

图 4-26　重庆吊脚楼
（资料来源：王其钧 . 图解中国民居 . 中国电力出版社，2008.）

图 4-27　依坡而建的重庆吊脚楼群
（资料来源：王其钧 . 图解中国民居 . 中国电力出版社，2008.）

图 4-28　四合院式四川民居屋顶与庭院景观
（资料来源：王其钧 . 图解中国民居 . 中国电力出版社，2008.）

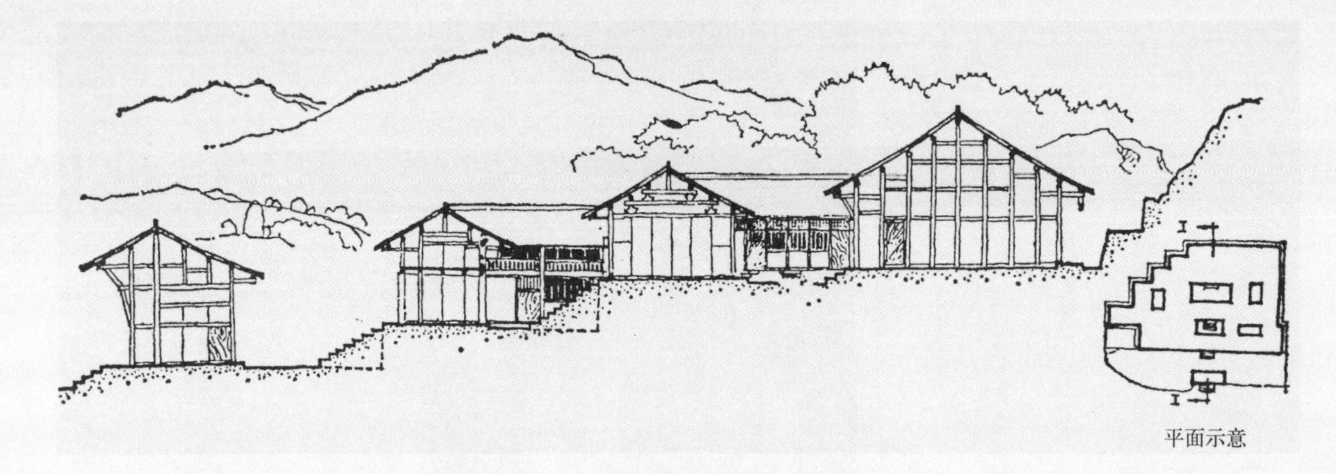

图 4-29　四川某住宅剖面
（资料来源：王其钧．图解中国民居．中国电力出版社，2008.）

丁字形平面是在一字形房屋的一侧，呈丁字状附设厢房。厢房体量多小于正房，作为杂物间或灶间。正房的东西两间都作为卧室。

四合院是由四面房屋围合而成的院子，有的是小天井，也有较开敞的院落。以四合院为基础进行扩展，可以形成重台重院。“重院”即多重院落，“重台”则是山地的特色，垂直于等高线向上递进建造，院落相连但不处于同一台地上，一台一般只有一院或两院，多重院落自然有多重台地。

吊脚楼可以最大限度地利用和保护崎岖地形地貌，较少占用地面而获得较大的使用空间，如在紧邻道路的坡地上建吊脚楼，可以让道路从突出的楼体下面穿过，上面是房屋，下面是道路，两不相碍。

⑥ 云南一颗印住宅

云南四季如春，无严寒，多风，住宅地盘方整，外观也方整，当地称“一颗印”，是云南最普遍的传统住宅形式。

“一颗印”最常见的形式为“三间四耳”，即正房三间，耳房东西各两间。

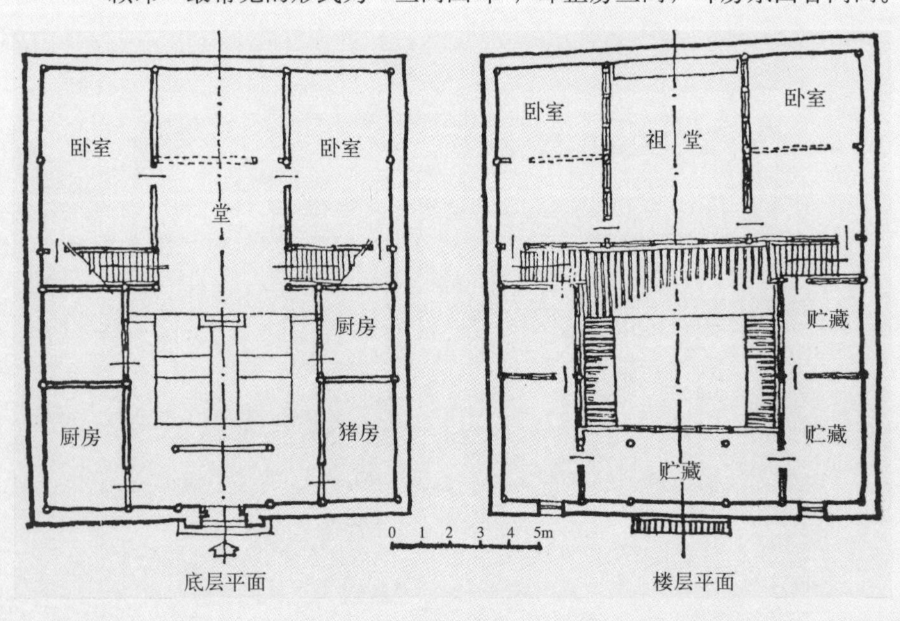

图 4-30　云南昆明“一颗印”住宅平面
（资料来源：王其钧．图解中国民居．中国电力出版社，2008.）

稍大则有三间六耳、明三暗五等。正房常为楼房，下有前廊。较大的住宅，由两个一颗印串联而成，由前侧耳房处入内。两个院子之间是过厅，用作礼仪饮宴之所，其门扇可全部拆卸，成为敞厅。

⑦ 窑洞式住宅

窑洞住宅是以土壤作为围护和支撑体系的民居形式。窑洞的结构利用黄土的力学特性，挖掘成顶部为半圆或尖圆的拱形，使上部土层的荷载沿抛物线方向由拱顶至侧壁传递至地基。窑洞分为以下三种形式：

图 4-31　靠崖式窑洞
（资料来源：王其钧．图解中国民居．中国电力出版社，2008.）

图 4-32　独立式窑洞
（资料来源：王其钧．图解中国民居．中国电力出版社，2008.）

图 4-33　下沉式窑洞
（资料来源：王其钧．图解中国民居．中国电力出版社，2008.）

靠崖式窑洞：为竖直崖面上开掘的土窑。这种窑洞只能平列，不能围聚成院。当需要多室时，则向里侧发展，中留横隔墙，实物纵深有达 20m；或向两侧发展，于崖面开窗口。临窑口门窗处，空气阳光较充足，安排炕、灶及日常生活起居处；深处则用作储藏室。窑洞断面高宽为 2.2 ~ 3.2m 左右，较狭窄。崖之前加地面建筑（厢房、门）形成院子，便于家居户外活动，因此最为普遍。

独立式窑洞：为一种在地面上砌筑的类似普通平房的房子，其室内感觉和挖掘的窑洞是一样的，前面是拱券门，并带有前檐廊，后墙不开窗，建置或院落的安排布置不受崖势的限制，它是脱离崖坡而建的独立存在体。可以说独立式窑洞就是普通民房居中的覆土建筑形式，也是各类型窑洞民居中相对较为高级的一种形式。

下沉式窑洞：为一种位于地面之下的窑洞形式，在相对平坦开阔的黄土塬上向地下挖掘出的一个院落，再在这个院落的四壁横着开挖几口窑洞，根据家庭生活需要和经济实力而决定开挖窑洞的数量以及用途。下沉式窑洞的地下院落一般长宽各在 9m 或 10m 为最佳，过大掏挖不容易，而且安全性低，过小则不方便居住；深度大概在 10m 为好，过深则不易掏挖，也不便于人的上下，过浅则会使横向掏挖的窑洞顶部过薄，影响日常生活的安全。

⑧ 蒙古包

牧民需经常迁徙择草而居，因此，采用便于拆装的蒙古包作为住所，拆

图 4–34
蒙古包剖透视图
（资料来源：王其钧．图解中国民居．中国电力出版社，2008.）

图 4-35
搭建完成的蒙古包整体构架
（资料来源：王其钧．图解中国民居．中国电力出版社，2008.）

图 4-36
装饰华美、风格浓郁的辟希阿以旺
（资料来源：王其钧．图解中国民居．中国电力出版社，2008.）

卸安装常在 1 小时之内完成。蒙古包用羊皮或毛毡覆盖，以枝条做骨架，构造很简单。平面多为圆形，一般直径不超过 4m，再大则需要加柱子。

蒙古包入口正对主人所居处。全包中央是火塘火架，其上包顶留孔，为一木制圈，白天揭去蒙皮，晚上遮盖。富户拥有多至六七座毡包。一个小部落群聚一处，通常约有 60 ~ 70 座毡包。

⑨ 维吾尔族“阿以旺”住宅

维吾尔族分布于天山南北各地，其居住建筑形式彼此之间也有差别，喀什地区最有代表性。

图 4-37
维吾尔族和田民居剖透视图
（资料来源：王其钧．图解中国民居．中国电力出版社，2008.）

喀什地区常见的是称作“阿以旺”的住宅，尚存有三四百年历史的老宅。阿以旺起源很早，实际是住宅大厅的名称。大厅为全宅的中心，高达 3.5 ~ 4m，结构为木梁上排木檩，中央留井孔采光。室内壁龛众多，多的有 100 以上。

阿以旺看似封闭的居住空间，内部有重要的户外活动场所。人们的日常生活都喜欢在阿以旺中进行，可以开舞会，也可以接待宾客；平日自家人更可以在这里自由活动，或谈天，或做家务，或共食美味瓜果，是全家人共有的起居室。

阿以旺是民居外部空间与内部空间结合的极好空间形式，在使用中也非常灵活，设置位置、空间大小和外观形象都可以自由改变。辟希阿以旺与开攀斯阿以旺就是阿以旺的变化形式。辟希阿以旺是向更开敞的方向变化，开攀斯阿以旺是向着封闭方向变化。

辟希阿以旺的形式有点类似汉族民居中的檐廊，不过在深度上要大于檐廊。其深度大多在 2m 以上，最深的可达 3m 多。其内一般设置土炕，也被称为“束盖炕”，既可以作为卧室中的床铺，也可以供人坐用。

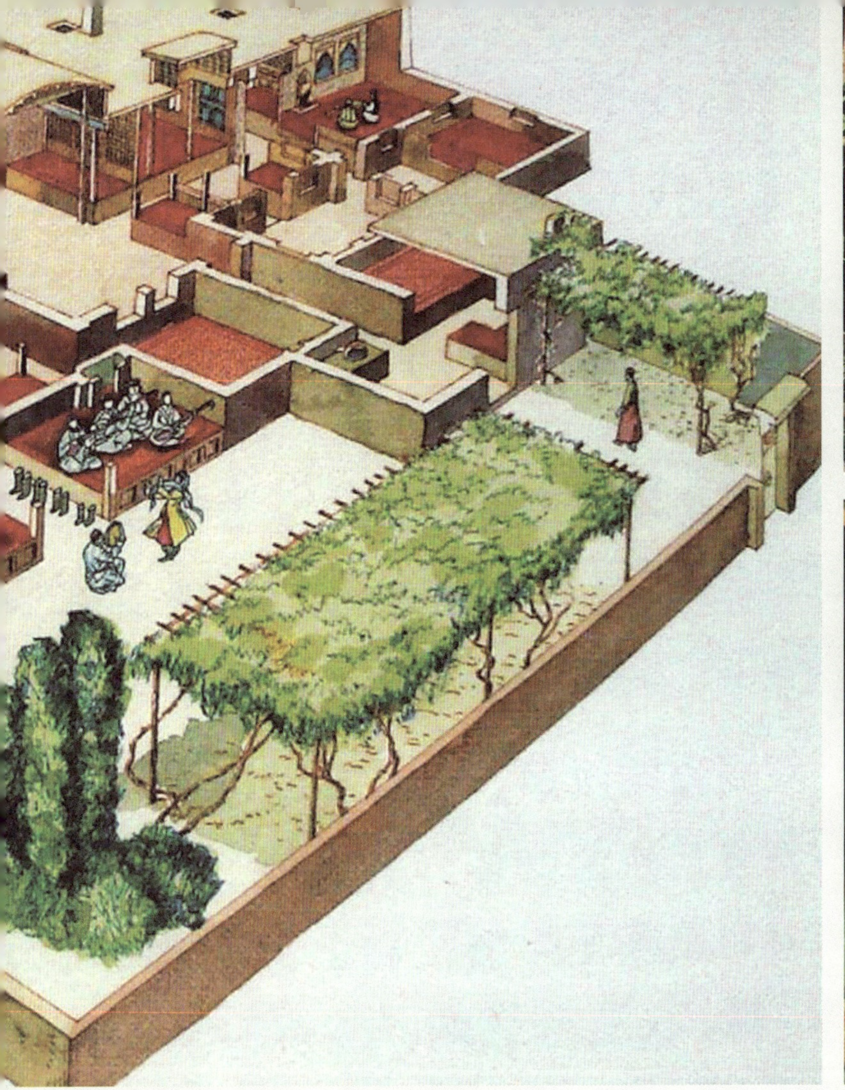

图 4-38　庭院绿化
（资料来源：王其钧. 图解中国民居. 中国电力出版社，2008.）

开攀式阿以旺就是将阿以旺升起的屋盖部分缩小，因为其形状小如鸟笼，所以也称为“笼式阿以旺”。

⑩ 干阑式住宅

我国云南、广西、贵州等少数民族聚居地区，基本处在热带雨林区，干阑民居与当地环境相适宜，建造也比较简单，所以至今仍然被部分地区的人们采用。

干阑式民居底层架空不住人，而且其屋顶出檐深远，能够很好地遮挡阳光的直射，同时又能防止雨水淋湿房屋。干阑式民居主要使用杉木为构架的用料，因而可以就地取材。此外，热带雨林地区毒虫野兽较多，架空的底层可以较好地防止虫兽侵入室内伤人。

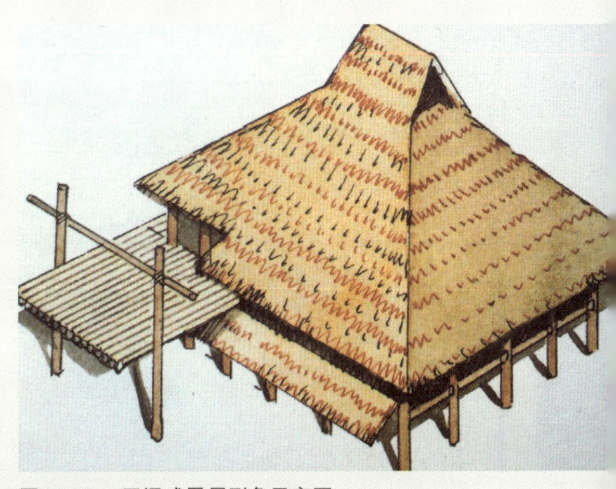

图 4-39　干阑式民居形象示意图
（资料来源：王其钧. 图解中国民居. 中国电力出版社，2008.）

图 4-40（上）
侗族干阑式民居的造型
（资料来源：王其钧.图解中国民
中国电力出版社，2008.）
图 4-41（下）
侗族干阑式民居的外观
（资料来源：王其钧.图解中国民
中国电力出版社，2008.）

四、村庄道路

1. 概述

村庄道路除了交通作用，还具有形成村庄结构、提供生活空间、体现村庄风貌、布置基础设施等多方面功能，是村庄规划中重要的基本要素之一。

村庄道路不但理所当然地承担交通和布设各类市政管线的功能，也是村庄结构的基本骨架，道路格局影响着村庄形态，道路的断面及宽度影响着村庄内部空间。

村庄道路为村民日常交往提供了空间，街道、巷弄是人们交往机会最多的地方，由于人们的户外活动是以道路为主，建筑、绿化也多是依路布置，因此沿路的景观基本体现了村庄的整体环境风貌。

不同于城市道路，村庄道路有其自身的特点。首先，村庄道路承担的交通量较小，道路断面可以比较简单，大多适宜采用一块板的形式；其次，村庄道路只要能方便地到达每家每户即可，多数可采取尽端式道路，而不需要城市道路那样复杂的系统。

传统村庄的道路与当代村庄也有不同的特征。以水运为主的年代，陆路运输量相对较小，主要适应步行，因此，传统的村庄道路尺度宜人，与建筑及地形地貌结合较好。当代的村庄道路除了满足步行交通外，还需适应合理的机动车交通需求。

2. 规划原则

（1）功能适用

村庄道路要保证村民出入的方便，既方便与外部社会的联系，更必须满足生产需求，还应考虑小汽车发展的趋势，有条件的村庄还应包括乡村公交化等内容，以适应村庄的长远发展需求。

（2）造价经济

村庄道路经济性主要体现在道路的宽度和密度两个方面。应通过合理布局，在保证村民方便的前提下，适当降低入户路的密度，重点降低村庄干路密度；按照交通流量需要，严格控制入户道路的宽度，合理确定村庄干、支路的宽度。村庄干路宽度一般不需超过两个车道。

（3）因地制宜

村庄道路应顺应、利用地形地貌，做到不推山、不填塘、不砍树。

（4）传承文脉

村庄道路规划应以现有道路为基础，顺应现有村庄格局和建筑肌理，延续村庄乡土气息，传承传统文化脉络。

3. 布局形式

村庄路网是在一定历史条件下，结合当地的自然地理环境，适应当时的需求逐步形成的。村庄道路布局有多种形式，常见的有以下几种：

（1）一字形

一字形路网（变形后可为槽形、S 形）多用于沿主要道路两侧布置且规模较小的村庄。一般是村庄在主要道路建成之后沿道路侧旁发展，从而形成一字形的布局。建筑物沿主要道路展开，布置较规整。

（2）并列形

并列形路网多用于受某种条件限制只能沿主要道路一侧发展的村庄。路网布局通常是沿主要道路一侧按一定间距无主次的平行排列纵横向的村庄道路。

（3）鱼骨形（丰字形）

鱼骨形路网多用于沿主要道路两侧发展且有一定规模的村庄。该种路网布局形式通常是沿主要道路两侧以一定间距平行排列村庄道路。道路布局整齐，有利于建筑物布置和土地节约利用。

（4）网格形

网格形路网多用于地形较平坦且规模不是很大的村庄，是较常见的一种村庄路网布局形式。通常是沿南北和东西走向按一定间距平行地排列村庄道路，道路网络将村庄用地划分成整块的矩形地块，布局整齐，有利于建筑布置。

（5）环形（圆环、方环）

环形路网多用于已建成且有一定规模的村庄。并列的干支道路相连（交）即可形成环形路网，方便通达和交通均衡，但特别不宜用作外环。村庄交通量不大，不需要外环分流；外环最长，使用频率低，经济性差；外环还隔断村庄与自然的有机联系，平直的外环对村庄外部的自然形态破坏尤甚。

（6）扇形

扇形路网多见于较大规模村庄的道路布局。道路走向通常受河道水系影响，或是不同道路走向的住宅组团发展连成一个村庄。

（7）自由形

自由形路网多用于地形条件比较复杂的山岭重丘地带。该形式以结合地形为原则，路线随地形弯绕起伏，充分利用地形地势布设线路和安排村庄布局，可以节省造价，获得优美自然的村庄景观。

4. 道路等级及断面

（1）等级结构

村庄道路等级原则上可分为干路、支路、宅前路三个等级。由于村庄个体差异较大，村庄道路等级的划分也是相对的。影响村庄道路等级结构的因素较多，但最主要是村庄规模、产业特点、布局结构形态三个方面。

从村庄规模（指人口规模）来看，规模较大村庄的道路宜分级明确，不同等级的道路承担不同的功能；规模较小的村庄，道路分级可模糊，承担的功能是混合的，甚至可以不分等级。

图 4-42　一字形路网

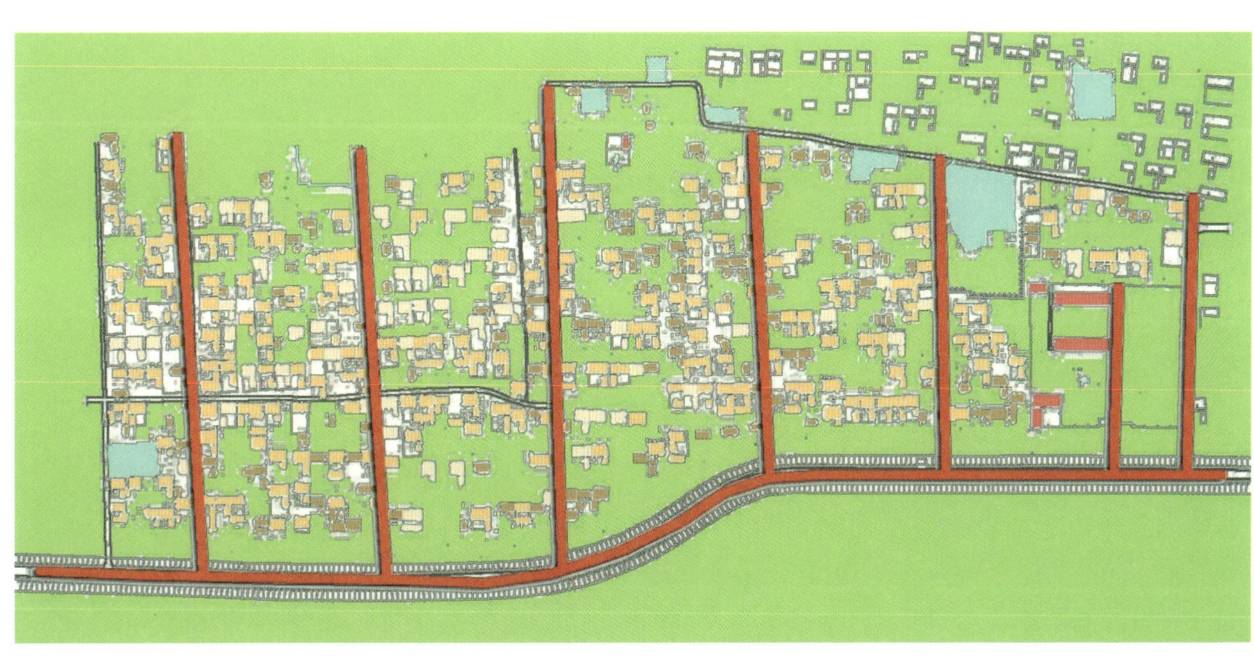

图 4-43　并列形路网

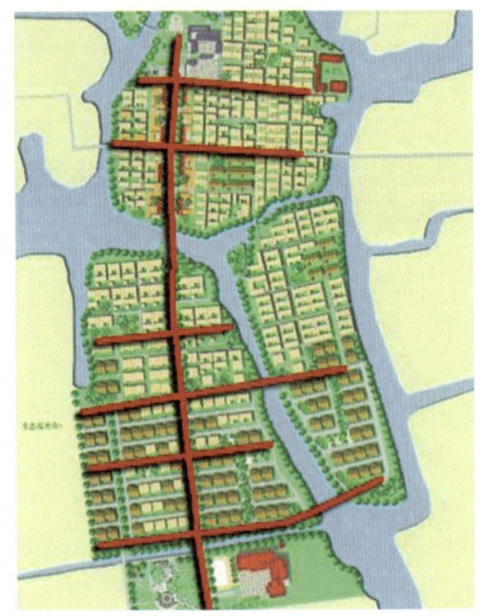
图 4-44　鱼骨形路网

图 4-45　网格形路网

图 4-46　环形路网

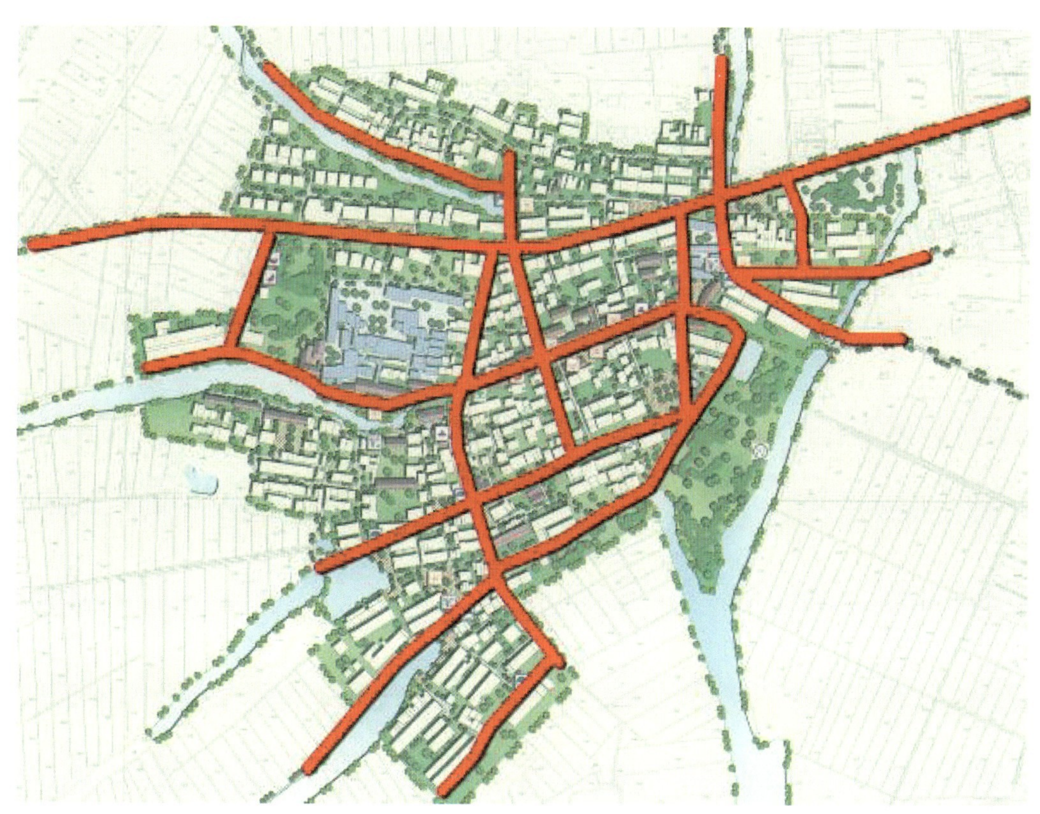

图 4-47　扇形路网

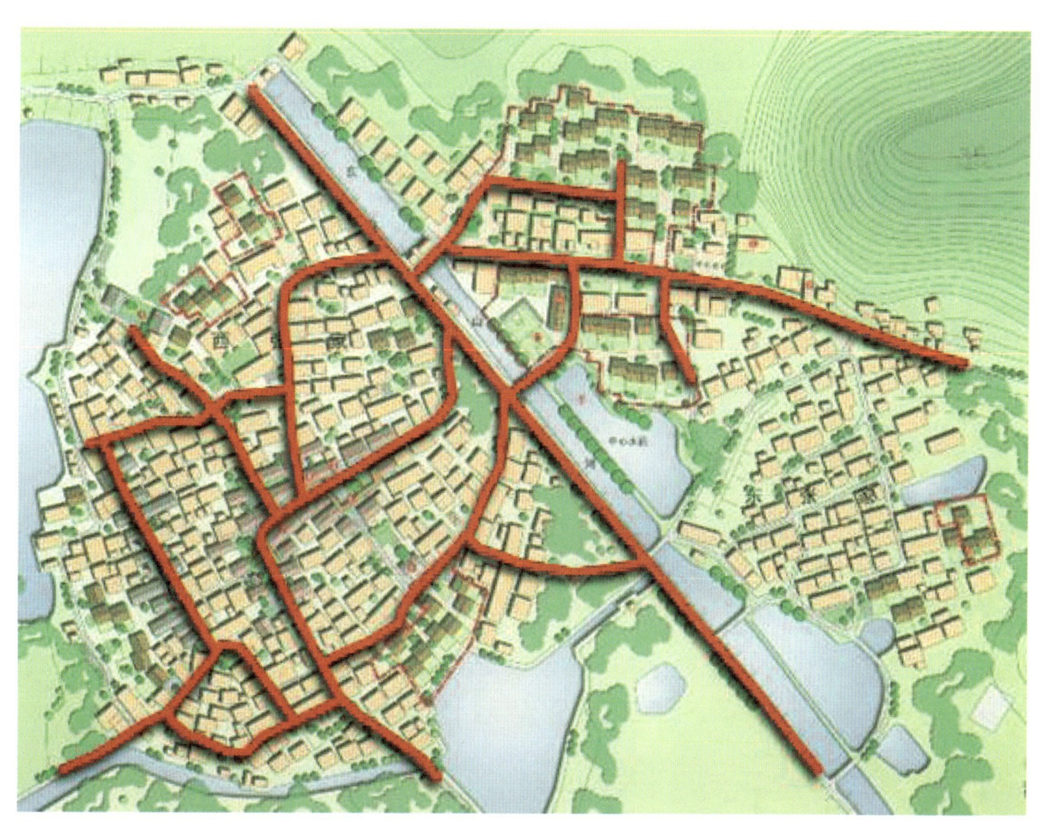

图 4-48　自由形路网

从产业特点看，不同产业的村庄道路等级结构一般也不同。运输业为主的村庄干路、支路的相对要求较宽；林果花木业为主的村庄，考虑产品的进出，宅前路相对要求较宽；旅游型村庄，需要方便快速的对外联系，因此村庄干路要保持顺畅，同时要围绕干路选择合适的旅游停车场地。

从布局结构形态看，团块状、带状、散点状、组团状等不同形态村庄的道路等级结构也有区别。团块状村庄可均衡地、分级明确地布置道路等级结构，带状村庄应适当加大村庄干路的宽度，散点状的村庄应注重对宅前路的梳理，做到既经济又便捷，组团状的村庄应注意支路的合理性。

各个等级道路宽度应因地制宜确定，总体原则是宜窄不宜宽，宜弯不宜直，宜短不宜长，以与村庄的自然、乡土、生态、亲和的属性相适应。

（2） 断面形式

村庄道路断面，规模较大村庄的干路宜采用单幅双车道形式，其他村庄可以单幅单车道为主，少数村庄根据其特点和生产需求可采用双幅路，一般不需采用三幅路或四幅路。村庄采用单幅单车道形式时，应按要求结合地形或场地间隔留有会车点。

村庄道路一般以混合式交通为主，包括人车混行和机非混行。村庄干路可采用人车分行的方式，道路两侧设置人行道，一般而言村庄支路和宅前路多采用人车混行的方式。

村庄道路断面的设置应因地制宜，根据道路两侧建筑的使用功能灵活布置。如道路两侧是商店，则应该加宽人行道，增加步行空间；如道路两侧为绿化用地，步行空间可纳入绿化用地一并设计，不一定要单独设置人行道；如道路紧邻住宅，则应考虑两侧增加绿化空间，作为路与住宅之间的间隔，也利于保护住宅的私密性。

5. 路面材料

村庄路面材料的选择主要考虑经济性、乡土性、生态性和适应性。

路面铺装形式应按照道路功能的不同要求而有所区别。干路承担交通量和载重较大，路面材料宜采用硬质材料，如沥青混凝土、水泥混凝土、块石等。支路承担交通量较小，路面铺装可采用沥青混凝土、水泥混凝土、块石路面或混凝土砖等材料，体现道路的乡土性。宅前道路承担交通量最小，但邻近住户并衔接户内，宜注重路面效果的整洁。总体而言，应优先考虑选用合适的天然材料，如卵石、石板、沙石路面等，以加强村庄道路的乡土性和生态性。

6. 停车场

（1） 总体要求

村庄停车安排应以当地经济发展状况为基础，主要解决生产性停车需求，兼顾其他停车需求。按照停车方便、安全、经济、生态的原则，结合村庄的布局结构形态，综合确定停车设施的数量、种类和位置。

（2）村庄规模与停车设施布局

规模较大村庄的停车场宜分散布置，特别是河流较多的村庄，应结合水体的分隔，分片布置。旧村可沿村庄支路相对集中设置停车场地或路边停车，新建村庄可结合自家院落分散停车。规模较小的村庄可结合村庄出入口，选择靠近村庄边缘地带设置集中停车场地。散点分布的村庄结合自家院落分散停车。

（3）村庄产业特点与停车设施布局

产业特点不同的村庄停车需求也不同。旅游型村庄停车应分为两部分，一部分是村民私家车，可按大分散与小集中相结合的原则布局；另一部分是旅游车辆，可结合旅游景点或者旅游服务设施集中停放，没有明确的旅游服务设施的村庄，一般集中停放在村庄的边缘，以减少对村民生活的干扰。以运输业为主的村庄，运输车辆宜相对集中停放在不干扰村民生活并较安全的地方。

（4）经济发展水平与停车设施布局预控

规划村庄的停车场地需有一定的前瞻性，结合规划布局对可预见将来的停车需求预控停车用地，预控用地可结合当前需求兼顾使用。可结合商店、村委会、活动中心等公建和较大的居住组团预控布置。停车场还可以“一场多用”，农忙时晾晒稻谷、麦子，农闲时节停放汽车。

五、公共服务设施

1. 概述

村庄公共服务设施在农村中所起的作用是多方面的。首先它直接服务于村民的生活，提升村民的生活质量。其次它可以促进生产，主要是发展村庄第

图4-49 公共服务中心

三产业，如商业、服务业、旅游业等，可解决部分村民就业，某些公共服务设施还可带动村庄集体经济的发展。它还可以成为传承村落文化的载体，丰富多彩的人文活动是村庄最生动的活力体现，公共服务设施为村民提供公共活动场所，通过活动延续村庄的传统文化，通过交流增强村庄和谐氛围。另外，公共建筑还能够形成良好的村庄景观风貌。

村庄公共服务设施内容多样，一般有以下几类：

行政管理类：村委会、其他管理机构；

教育类：小学、幼儿园、托儿所等；

医疗保健类：医务室、计生指导站等；

文体娱乐类：活动室、图书室、健身场所等；

商业服务类：包括小型超市、杂货店、小吃店、理发店、菜场、综合修理等。

按照经济性质，公共服务设施可以分为公益性和经营性两大类，公益性公共服务设施属于政府扶持内容，一般由政府直接拨款建设，目的是为了保障村民的基本权益，包括行政管理、教育、医疗等内容；经营性公共服务设施属于市场调节的内容，应根据本村发展水平和具体要求灵活安排，主要包括商业服务设施和市场性健身、娱乐设施。

按照服务对象，公共服务设施可分为为本村服务、为邻村服务、为外部社会服务三类。为邻村服务的主要包括村委会、学校、卫生室等，为外部社会服务的主要指村庄旅游服务设施，过境公路边的村庄也有条件沿路安排商业服务设施为外部社会服务。

按照发展水平，公共服务设施可分为基本型、小康型、富裕型三种类型。基本型是指为保障村民基本生活需要而必须配置的设施，如商店、理发店等；小康型是指能满足村民物质需求之外，还兼顾村民的精神生活，包括教育、文化等设施，并达到一定的水平；富裕型是指公共配套设施无论是在内容上还是在规模和质量上都达到了较高要求。村庄公共服务设施的配套水平一定要与村庄的经济发展水平和实际需求相适应，切不可搞大而无当的形象工程。

2. 设置原则

(1) 城乡统筹

按照推进城乡经济社会发展一体化的要求，缩小城乡居民享有公共服务的差距，加快实现城乡公共服务均等化。保障“基本型”，扩大“小康型”，争取“富裕型”。加强城市反哺农村，特别应协调好城镇对周边村庄的公共服务支持。

(2) 联建共享

引导公益性公共服务设施的合理布点，对于服务人口较多，规模较大、投资相对较高的公共服务设施，可视具体情况，由多个村庄联建共享，形成一定区域的公共服务中心，以避免人力、物力和财力的浪费，也可避免公共服务设施利用率不高、人气不旺的矛盾。

(3) 经济实用原则

公共服务设施配置类别、数量和规模，应该根据村庄的不同需求（职能、规模、地域、环境条件的差异）因地制宜地取舍和侧重。坚持“先基本，后富裕”、“主导公益，引导经营”的思路配置公共服务设施，分清哪些是必不可少的，哪些是按人口规模配置的，哪些是由市场来主导的，从村民实际需求出发，合理配置公共服务设施，提高村民生活质量。

(4) 集中布置

村庄公共服务设施应尽量集中布置在方便村民使用的地带，形成具有活力的村庄公共活动场所。根据公共设施的配置规模，其布局可以采用点状和带状等不同形式。

3. 基本内容

(1) 公益性公共服务设施

公益性公共服务设施通常分大、中、小型村庄配置，为防止村庄公共服务设施配置大而无当，村委会建设规模应控制其上限，一般使用面积不超过 300m^2。

(2) 经营性公共服务设施

通常包括：日用百货、集市贸易、食品店、综合修理店、小吃店、便利店、理发店、健身娱乐场所、农副产品加工点等。

经营性公共服务设施一般按照人均建筑面积指标来配置，参考总指标为 200 ~ 600m^2/ 千人，依据村庄需求特点，在总指标区间选取配置。配置内容和指标值的确定应以市场需求为依据。

公益性公共服务设施配置参考表 **表 4-1**

内容	设置方法	建设规模
村委会	村委会所在地设置，可附设于其他建筑	100 ~ 300m^2
幼儿园、托儿所	可单独设置，也可附设于其他建筑	—
小学	按学校布点规划单独设置位置应方便学生到校，环境安宁	按小学设置要求
文化活动室（图书室）	可结合公共服务中心设置	不少于 50m^2
老年活动室	可结合公共服务中心设置	—
卫生所、计生站	可结合公共服务中心设置	不少于 50m^2
健身场地	可与绿地广场结合设置	—
文化宣传栏	可与村委会、文化站、村口结合设置	—
公厕	与公共建筑、活动场地结合	—

4. 配置相关因素

(1) 村庄人口规模

根据村庄人口规模有选择性地配置设施，规模较大的村庄需要设置学校、幼儿园、集贸市场等公共服务设施，较小村庄主要利用周边较人村庄的此类设施，不再单独建设。

(2) 行政村、自然村

村庄公共服务设施的配置应在村域范围内统筹布点。村委会、小学、文化站等应在行政村范围内综合考虑、集中布点，宜设置于规模较大、位置适中、基础条件较好、交通便利的自然村，方便本行政村的各自然村村民使用；商业服务设施等则需要充分考虑本自然村村民使用的便利性。

(3) 村庄区位

不同区位的村庄，其公共服务设施的配置条件和方式可有较大的区别。距离城镇较近的村庄，某些公共服务设施可借助城镇，村庄不需要单独配置。相对独立的村庄，由于只能依靠村庄自身的服务设施满足日常需求，因此其服务设施的配置应比较齐全。

(4) 村庄产业特点

村庄产业特征一定程度上决定了公共服务设施功能，例如以林果业为主的村庄，必须考虑果品运输、交易的公共服务功能；以旅游业为主的村庄，必须重视旅游服务公共设施的建设。

5. 布局方式

(1) 结合主要道路带状布局

沿村庄干路两侧布置公共服务设施,形成线性公共活动场所。干路人流多，且连通到村民各家，可方便大部分居民，同时还有利于组织街巷空间，形成村庄主体景观。一般情况下，沿路带状布局方式应作为优先选择的布局方式。

(2) 结合公共空间设置

结合村庄公共空间布置公共设施，形成围合、半围合空间，作为村庄主要公共活动场所。

(3) 结合村口设置

在村庄入口集中布置公共服务设施，富有特色的建筑形式可以形成村庄入口标志。突出村庄形象的同时，又可以方便村外或路过的人们使用，有利于充分发挥公共设施的服务作用。

(4) 点状布局

公共服务设施分散设置在村庄居住组群中，形成散点状布局。这种方式的优点是服务半径近，每一组群内的村民使用都很方便，村庄服务条件整体均衡。

六、村庄绿化

1. 概述

绿化是村庄景观的重要内容，是维持村庄良好生态环境的重要因素，是发展村庄经济的重要方式。同时，年代久远的古树名木是村庄文化的特殊载体，"房在绿中"的空间关系也是最基本的乡土风情之一。

传统的村庄绿化经过长期的自然淘汰和人为选择，具有很强的适生性，充分体现了绿化与村庄有机融合，展现了村庄的乡土风貌，营造了村庄文化特性。它总是与人的活动、人的视觉焦点结合在一起，桥头、村口、水边、院内，位置自然，生机盎然，展现了村庄绿化应有的特性。

图 4-50
村庄绿化——房在绿中

图 4-51　村旁绿化

当前对村庄绿化投入了较大的精力和财力，取得了良好的效果，但也还存在着绿地功能单一、村庄绿地城市化等问题。一方面，经济欠发达地区村庄绿化建设滞后，缺乏具有休闲游憩功能的村庄绿地，不能满足提高居民生活品质的要求；另一方面，经济发达地区农村出现了简单划一建设城市型绿地的倾向，丢弃了乡土自然的特点，割裂了村庄与自然有机融合的形态关系。

2. 规划原则

(1)“自然、自由、自主”

“自然”是布局自然，主要是指绿化的位置要自然，要与地形地貌相结合，与村庄空间形态结合，与村庄的建筑肌理相结合，与住宅的庭院相结合；“自由”是自由布点，主要是指绿化的排列组合要自由，沿水而展，遇房而变，随路而转；“自主”是选植自主，主要是指选择栽植的绿化品种由村民自主。

(2)“乡土化”

要依据地域气候、土壤特点选择在当地易存活、利生长的植物品种。如在气候特别干燥、土壤又较贫瘠的地方，宜选择如秃瓣杜英、合欢、木荷、醉香含笑、阿丁枫、杨梅、山乌桕、重阳木恤、天竺葵等较耐干旱的乡土树种；在比较湿润的地方可选择枫杨、水杉岫等树种；在光照较强的地方选枫香、喜树、苦楝等。优先选择本地植物品种，一来利于花木顺利成活、良好生长，二来乡土绿化可延续村庄现有风貌，展现村庄的地域特色。

(3)“经济性”

① 充分利用现状资源

村庄绿化建设应充分利用现状资源条件，对现有绿化进行适当改造与修整，尽量保留利用现有树木和生态架构，保护村中的河、溪、塘等自然水体，发挥其防洪、排涝、生态景观等多种功能作用。

② 考虑苗木和养护成本

村庄绿化应以苗木成本低的本地适生品种为主，以适应村民和村集体经济能力；慎植异地树种和花草，慎铺草坪，以减少绿化种植的成本和养护成本。

③ 与家庭经济相结合

村庄绿化可考虑与发展产业和庭院经济相结合，一方面改善村庄环境，另一方面还可以增加村民收入。

(4)“多样性”

① 生物多样性

遵循自然规律，促进村庄绿化品种的多样性，使之形成丰富的生物链，保证村庄绿化的自然、健康生长。

② 景观多样性

结合村庄绿化品种的多样化，合理安排不同体量、不同色彩、不同观赏特点的各类植物，使之与建筑等其他景观要素有机组合，形成村庄丰富的景观系统。

3. 布局方式

(1)“四旁”绿化

包括村旁绿化、宅旁绿化、水旁绿化、路旁绿化。

① 村旁

村庄周围适宜形成环村林带，可以以高大乔木为主，适当配植中高乔木和灌木，形成村庄的自然边界，既可有效遏制村庄的无序扩张，也可对村庄外的噪声、沙尘、废气等起到隔离作用，还可作为村庄与周边自然环境的生态过渡带。

② 宅旁

宅旁绿化应充分利用屋旁宅间的空间，以小尺度绿化景观为主，见缝插绿，不留裸土，改善居民生活环境品质。绿化种植结合空地形状自由布置，使庭院绿化有机延伸，与公共绿化相互渗透。植物品种以小乔木与花灌木为主，保持四季常绿、居所优美。

③ 水旁

水旁绿化应充分结合亲水设施安排，形成具有特色的滨水绿化空间。植物品种以亲水植物（如柳树、水杉、枫杨等）和水生植物（如芦苇、菖蒲、鸢尾、荷花等）为主，布置方式宜生态、自由，形成以水为特色的植物景观。

④ 路旁

路旁绿化根据道路等级不同可分以下几种情况：路面较宽且路边距建筑物较远，有充分绿化空间的，可选择一些大树冠的高大乔木，宜以落叶乔木为主，以使夏有树荫，冬有阳光；路面较窄或路边距建筑物距离较小的，可选择一些小树冠的树种或灌木进行绿化，绿化的栽植形式可灵活多样。总体原则是使绿化和建筑空间关系疏密有致，形象相互衬托，并且不妨碍路面交通。

(2) 游园及公共绿化空间

游园多结合村庄公共服务设施布置，形成村庄的主要公共活动场所。游园内植物品种可以适当丰富，

图 4-52　宅旁绿化

图 4-53　水旁绿化

图 4-54　路旁绿化

同时结合游憩功能，设置坐椅、健身设施等，可适当布置乡土小品进行点缀。

公共绿化空间是体现村庄景观形象的重点，应结合周边公共设施布置绿化景观，植物品种宜以观赏类乔木与花灌木搭配为主，形式简洁、美观，景观风貌应自然、亲切、宜人，并能体现地方特色与标志性。应努力避免采用磨光石等人工性太强的材料。

（3）庭院绿化

庭院绿化是指村民住宅庭院内的绿化。庭院绿化既要生态，又要经济、美化效果，因此，庭院绿化可种植果木，也可以种植花木或观赏性好的树种，还可以种植蔬菜、瓜果等。总之，庭院绿化应在保证邻里和谐的前提下，由村民自主安排，以利形成绿化的多样性。

（4）村口绿化

村庄规划中宜将村口作为绿化的重点区域。村口绿化应自然、亲切、宜人，适宜集中体现地方特色与标志性。村口绿化植物选择应注意景观效果，可结合环境小品、活动场地、建构筑物等共同营造良好的村口景观。

图 4-55　庭院绿化

图 4-56　村口绿化

七、市政公用设施

村庄市政公用设施主要包括给水、排水、电力电信、环卫和燃料等内容，应当坚持以下几个原则：

（1）按照城乡经济社会发展一体化要求，根据当地经济社会发展水平，加强村庄市政公用设施建设；

（2）按照村庄地形地貌、村庄规模、风貌特点，因地制宜选择市政公用设施配套方式；

（3）按照城乡统筹的原则，加强城镇市政基础设施对乡村的辐射。在城镇周边地区、经济技术可行的情况下，优先考虑将村庄市政公用设施纳入城镇管网服务系统；

（4）市政公用设施外露部分应考虑乡土气息和地方文化、空间特点。

1. 给水

因地制宜选择给水方式，保证水源的安全。当地地面水或地下水能够达到国家卫生标准的，可作为饮用水源。

城镇周边或城乡居民点密集地区，应依据经济、安全、实用的原则，优先选择城镇配水管网延伸供水。

村庄远离城镇或无条件时，应建设集中式给水工程，联村、联片供水；无条件建设集中式给水工程的村庄，可选择手动泵、饮泉池或雨水收集等单户或联户分散式给水方式。

结合村庄道路，合理布置输配水管网，有条件的地区可布置成环状网。

2. 排水

村庄应结合当地特点，因地制宜选择排水体制。

村庄污水收集与处理遵循就近集中的原则，靠近城镇的村庄污水宜优先纳入城镇污水收集处理系统；其他村庄可根据村庄分布与地理条件，采用生态式污水处理技术，集中或相对集中处理污水；不便集中的可采用净化沼气池、生化池、双层沉淀池或化粪池等方式就地处理。

优化排水管渠，雨水应充分利用地表径流和沟渠就近排放，污水应通过管道或暗渠有序排放。

3. 电力电信

考虑不同地区经济发展水平，合理确定相关建设标准，有条件的地区可考虑电力电信设施全覆盖。

电力电信线路提倡架空排设，以做到经济节约、便于检修，同时架空杆线应注意排列美观和日常安全，村庄入户线路应排列方便有序，避免私拉乱接。

村庄主要道路应设置路灯照明，光源宜采用节能灯，有条件的地区可采用太阳能灯具。

4. 环卫

因地制宜选择生活垃圾处理方式，人口密度较大地区提倡“组保洁、村收集、镇转运、县（市）处理”的垃圾收集处置模式。提倡生活垃圾分类收集和有机垃圾就地资源化处理。

结合村庄公共设施布局，按照村庄规模，合理配建公共厕所，有条件的地区应达到或超过三类水冲式标准。

5. 燃料

村庄所用燃料主要包括管道天然气、瓶装液化气、沼气、煤、农作物秸秆、牲畜粪便等。

靠近城镇的村庄有条件的应纳入城镇燃气管网；一般村庄应以瓶装液化气为主，瓶装液化气供气方式具有灵活、便利、供应覆盖范围广等特点。

结合农业产业设施，有条件的地区应推广秸秆气化、沼气等。提倡发展太阳能、风能、生物质能、地热能等清洁节能。

第五章　村庄规划的空间要素

一、村庄形态

村庄的形态由地形地貌、建构筑物、道路广场、绿化等众多物体融合构成。从不同的角度研究，村庄形态又可以分为平面形态、立体形态、边缘形态、布局形态和风貌形态等五种类型。

1. 不同类型的村庄形态

(1) 平面形态

平面形态是指村庄建筑物及主要地形地物的分布状态。在很多传统村庄平面形态的构建中，当地村民奉行“天人合一”的自然观，高度重视并尊重村庄生态环境的内在肌理和自然韵律，协调人与自然的关系，形成与环境自然融合、变化丰富的平面形态。平面形态主要可分为团块状、带状、散点状、组团状等类型。

① 团块状

团块状村庄的特征主要表现在村庄中心和圈层式平面肌理两个方面，一般

图 5-1　平原地带小规模团块状村庄

图 5-2　平原地带大规模团块状村庄

以一个或者多个核心体（通常是村落重要建筑或场所，如戏台、祠堂、商店、重要宅院、广场、池塘等），自核心向周边圈层式生长。通过街巷、住宅的变化形成紧密、富有变化的平面肌理，整体平面形态一般呈方形或椭圆形。

我国多数农耕地区的村庄都是团块状，但其规模相差悬殊。从下图中可看出来团块状村庄规模与密度的差异。团块状村庄一般分布于地形较为平坦的地区。

② 带状

带状村庄通常受到道路、河流、湖泊、山坡、耕地等因素的影响，村庄一般轴向生长，利用巷道连接住宅，形成较为紧密的带状平面形态。如沿河带、沿路带、沿山带、沿田带等，村庄空间丰富多变，特点各异，形态优美。

③ 散点状

散点状村庄平面形态主要特征体现在聚居点的自由分布，村庄分散在一片广阔的固定地域内，各聚居点之间互不相连。这时，“村庄”的概念通常指的是行政概念、宗族概念或传统习惯概念，村与村之间也缺乏明显的界限。

散点式村庄形成的原因很多。如地形崎岖的山区和丘陵沟壑地区，在一个地段内，几十户人家各自居住在自己的一块耕地旁边，形成分散的住家形式。又如河汉众多的水网地区，交通困难，选择农业生产近便位置，形成散居村落。再如牧业、林业、渔业等非农耕地区，对土地的经营管理不必像耕作业那么集约，土地的产出能力也低，同等面积的土地能养活的人数较少，村庄散布且规模较小。风俗习惯也是形成散居的重要因素，某些地区的居民，没有聚族而居的习俗，喜爱单家独户、互不干扰的生活。

④ 组团状

组团状村庄与散点状村庄在平面形态上具有相似性，表现在村庄聚居点非均质的自由分布，但在聚居点规模上差别明显，前者聚居点规模较大，通常是一个村民小组、十几户或几十户人家。组团状村庄平面形态受地形影响较山区、水网密布地区小，但比平原地区大，是团块状和散点状之间的中间形态。

组团状村庄多分布在具有一定地形变化的丘陵地区或河道密度不高的水网地区。

图 5-3　沿河带状村庄

图 5-4　山地带状村庄

图 5-5　散点村庄

图 5-6　水网组团状村庄

图 5-7　山区组团村庄

以上是几种常见的村庄平面形态。事实上，村庄数量众多，千姿百态，很难简单而全面地概括为几种类型，因此，规划中还应因地制宜，合理判断。

（2）立体形态

村庄规划应以自然环境为主体构建立体形态，避免在高度上对环境产生影响，通常适宜结合河流、池塘、绿化、山体等自然要素，形成高低错落、层次丰富的村庄立体形态。应注意以下几个普遍性乡村标志特征：

①“房在绿中”

城市与乡村都是人类聚居的场所，但他们有着不同的立体空间形态。城市是由大量的建筑物组成的空间形态，是以少量的底部绿化作为衬托，形成的是“绿在房中”的立体形态特征。村庄以大片的绿色为背景，建筑掩映在树林中，形成“房在绿中”的立体形态特征。它既体现了人类在广阔田野、山野之中注入了活力，又没有喧宾夺主，将村庄的建筑放在非主体的地位，将人的活动融入了大自然，更多体现的是村庄与自然的和谐关系。

②“依水而筑、因山就势”

在水网密布地区，河流水系丰富了村庄的立体形态，蜿蜒曲折的河流、充满活力的滨水场地，与交错的屋脊、挺拔的树林共同构成了村庄高低错落有致的立体形态。山区村庄拥有的先天条件决定其立体形态的基本特征，村庄依山而建，层叠交错的村庄建筑顺应水形山势，结合田园林地，诸多要素的汇聚，形成空间层次丰富、高度变化多样的立体形态。

图 5–8　村庄与自然的和谐

图 5-9　房在绿中（左上）

图 5-10　依水而筑的村庄（左中上）

图 5-11　依山而筑的村庄（左中下）

图 5-12　以公共建筑为中心的村庄（左下）

图 5-13　规则的村庄边缘（右上）

图 5-14　以河流为边缘的村庄（右下）

③ 以公共建筑为主体

村庄建筑高度的变化也对立体形态产生一定影响。一般而言，各类公共建筑有条件在体量上高于普通民居，而且公共建筑周边通常需要较大场地，这种高差对比可以丰富村庄立体形态的景观效果。

(3) 边缘形态

① 几何角度

村庄的边缘形态从几何形状的角度可分为规则和自然两种类型。规则型的方块状、椭圆形等，村庄边缘形态也较为规则，特别是有外环路的村庄，边缘形态更易平直呆板。水网或山区村庄由于受到地形影响较大，其边缘形态与自然环境交错互融，从而形成了自由多变的村庄边缘形态。

界定村庄边缘的要素包括河流、道路、山体、耕地、林地等多种类型，由于这些要素自身的几何特点，形成的边缘也呈现不同的几何形态。由河流、山体界定的村庄边缘形态自由，层次丰富，特别是依山而建的村庄，其边缘形态随山体高差变化，形态尤为丰富；道路、耕地由于受到使用功能限制，一般较为规则，使得由道路、耕地界定的村庄边缘形态具有与其相似的特征；由林地界定的村庄边缘呈现的是一种与自然有机融合，较为自由的形态，在高度上有所变化，平面形态上较为自由。

② 生态角度

村庄边界的组成包括建（构）筑物、天然地形地貌及自然生物三种类型。建（构）筑物一般高度变化较小，平面形态呈现人文风貌；由天然地形地貌，如河流、山体形成的村庄边缘呈现的是变化丰富的形态界面；由自然生物，如树林组成的村庄边缘主要体现了与自然和谐共生的关系。

(4) 布局形态

村庄布局受到地形地貌、交通条件、生活方式等多种因素影响，体现出不同的形态特征，主要表现为以下几个方面：

① 居住建筑有机组合

村庄是由各类建筑物为基本元素组成的，居住建筑是其主体。住宅建筑的规模、尺度及组合关系是影响布局形态的主要因素。以独院为主的村庄，其布局形态较为自由；以多进院落为主的村庄，住宅集聚程度高，一般以特定的院落为轴线，住宅沿轴线分布，形成住宅组群，村庄布局形态较为规则；规模较大，由若干多进院落住宅组群形成村庄则呈现较为明显的组团状形态。灵活机动地运用轴线的变化，可以形成丰富多样的布局形态。

② 建筑与地形有机组合

在地形变化比较丰富的地区，如山区、水网地区，村庄建筑与地形的组合可以有特色各异的多种方式，决定了村庄的布局形态。如：临水、临山、

图 5-15
以天然地形地貌为边缘的村庄

临路，宅临、店临、场临等，应充分利用地形地貌优势，创造村庄特色。

③ 街道主干

村庄街道是影响村庄布局形态的重要因素之一。村庄内具有公共服务功能的建筑一般沿街道两侧布置，通过巷道联系各个住宅组群，形成以街道为骨架的多种布局。街巷的布局方式及其与地形地貌的关系决定着村庄的布局形态。

④ 自由组成

有些村庄不存在明显的聚居关系，村庄住宅多为独院式，村庄的建设取决于居民的个人意愿，由此形成的村庄变化极为丰富。如果缺乏指导建设的集体意志，村庄的布局形态也较易散乱，应根据村庄地形地貌，适当加以引导。

⑤ 行列式

在一些城市近郊区的村庄，村民的生产、生活方式出现了城市化现象，导致村庄平面布局形态出现了类似城市居住区的特征。过于统一的排列、小区化

图 5-16　村庄主干路

图 5-17　行列布局方式

图 5-18　精巧的行列布局方式（下）

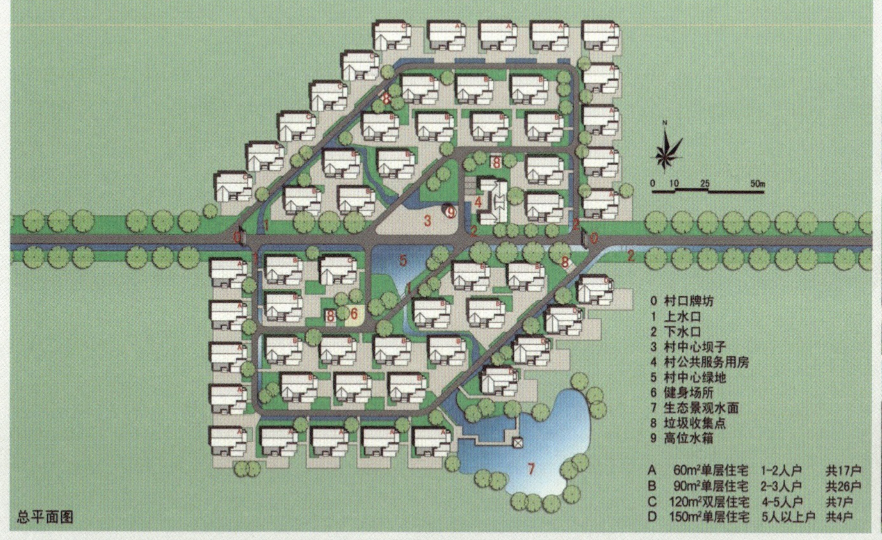

图 5-19　传统风貌的村庄

图 5-20　田园风貌的村庄

的组群布局方式会失去村庄固有的自然生态特色。但精巧的行列布局也可以获得现代文化意义上的良好村庄布局形态。

（5）风貌形态

① 传统风貌形态

传统风貌形态的村庄一般拥有较多的历史文化遗存，这种村庄延续了传统生活方式，保留了传统的建筑风格、外观，能较好体现村庄的地域特征。传统风貌形态村庄一般位于交通不发达、经济较为落后的地区，村庄发展动力不足，居民缺乏改善生产、生活条件的资金，反而使村庄的传统风貌能够传承至今。在村庄规划中应当重点保护，并借鉴其特点和优秀手法为现代的村庄规划服务。

② 田园风貌形态

田园风貌实际上体现了村庄的一种生产方式，村庄住宅较为分散，宅前屋后都有居民的农田，生活与生产、生态结合紧密。这种风貌形态一般分布于丘陵、水网密布地区，村庄由多个居住组团构成，组团外围即是农田、绿化，形成了人、地紧密结合的田园风貌形态。

③ 特色风貌形态

一些拥有特殊资源的村庄，由于其与资源利用相关的生产、生活方式，形成了具有其资源特色的村庄风貌形态。如林果资源比较丰富的村庄，其村庄住宅为适应林果业种植、看管、储藏等需要，由此形成村庄独特的风貌形态。

④ 现代风貌形态

具有现代风貌形态的村庄一般而言建筑年代较短，建筑风格上融入了较多现代元素。

现代风貌形态的村庄在经济实力不同的地区有着不尽相同的建筑风貌和建设方式，大致可分为乡土风貌和现代风貌两种。

乡土风貌是在传统风貌的基础上，由于经济的发展，村庄大多经过居民自发整治，保留了原有的村庄形态，在建筑风格上则融入了一些现代特征，建设方式延续利用了乡土元素，呈现出村庄乡土风貌特征。

相比之下现代风貌的村庄布局较为规则，建筑风格上更为现代，但这类村庄大多数采用了城市化的建设方法，使得村庄失去了原有特色，外观形象难以体现地域特征。这种村庄的规划应高度注意从各方面避免采用城市化的方法，高度重视挖掘和延续乡村文脉，保持乡土风情，形成现代化的新农村特色风貌。

2. 村庄形态的规划引导

(1) 基本理念

① 生活、生产、生态

统筹考虑当地村民的生活、生产需求和生态保护需要，合理安排生活、生产、生态的用地关系，避免不恰当的分离与分隔。特别要避免为了统计口径的节约用地，而将生产、生态用地分离出村庄的错误做法。通过对村庄形态的引导改善居民的生活环境品质，塑造村庄良好的景观效果，同时，注重对村庄生态环境的保护，避免对环境的污染和破坏。

② 城乡分开、乡土和谐

应按照村庄的民俗文化、地形地貌、环境植被等具体地域特点引导村庄形态，在充分尊重文化传统、自然环境的基础上，形成显著区别于城市的村庄文化特色和空间特色。避免采用城市化的方法，简单地套用城市做法和标准，对村庄进行大拆大建，粗暴地改造地形地貌。

图 5-21　种植花卉的村庄

图 5-22　种植水果的村庄

图 5-23　村民自建的住宅

图 5-24　乡土风貌的村庄

图 5-25　现代风貌的村庄布局

图 5-26　丘陵地区村庄

图 5-27　水网地区村庄

③ 经济实用

规划对村庄形态的引导必须充分考虑当地的经济承受能力，以实用为根本出发点，在有限的资源条件下，合理进行建设投入，改善村庄生活、生产条件和生态环境质量，避免华而不实、铺张浪费。

(2) 主要手法

① 天人关系——村庄与自然的有机融合

引导村庄与自然有机融合、和谐共生。山、水、田园、植被体系在村庄肌理中应予以保护。充分利用现状自然条件，灵活布置各类设施。尽量保护现有河道及池塘水系，必要的加以整治和沟通，以满足防洪和排水要求，驳岸应随岸线自然走向，修饰材料应尽量选用乡土自然材料，并与村庄绿化相结合。大力运用乡土树种，重视庭院绿化，因地制宜地营造乡村风景。

② 虚实关系——形成虚实结合的空间体系

村庄形态的虚实关系可通过建筑、院落、绿化、山体水系、开放空间等

图 5-28　村庄的虚实关系

图 5-29　建筑组群的虚实关系

多种要素的对比组合体现。在村庄的虚实关系中，可分为村庄、建筑组群、住宅等多种虚实关系。

村庄虚实关系

村庄的虚实关系主要体现在村庄与周边环境的关系，村庄作为一个实体，应与村庄周边的树林、河流水系有机融合，通过绿化开放空间、滨水空间将外部环境引入村庄内部，形成富有变化的村庄与环境的虚实关系。

建筑组群虚实关系

建筑组群是村庄的有机组成部分，在这个层次上，建筑组群是实体。以绿化、公共空间、滨水空间分隔形成形态自由的住宅建筑组群，虚实对比明显而又有机融合，形成建筑组群层面的虚实关系。

院落虚实关系

院落虚实关系的形成主要依靠建筑与院落的组合关系形成，以住宅建筑为核心，前院、侧院、后院、内院等多种类型院落围绕建筑进行灵活的拼接组

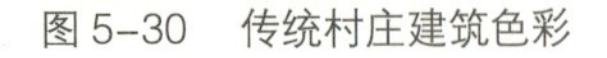

图 5-30 传统村庄建筑色彩

图 5-31 住宅砖雕、石雕、木雕

合，形成变化丰富的院落层面的虚实关系。

③ 素描关系——形成多层次的色彩视觉系统

村庄的素描关系主要通过村庄建筑和周边环境物体的色彩搭配来体现，同时,应注重住宅色彩与周边环境的协调关系。村庄的素描关系与虚实关系类似，也可以分为村庄、建筑组群和住宅三个层次。

村庄素描关系

村庄建筑色彩系列的选择决定了村庄层面的素描关系。传统中国村庄建筑色彩大多为黑、白、灰三种色调，色彩选择较为淡雅单一，通过与自然环境的搭配，视觉效果上类似于国画。现代村庄形态在素描关系方面应延续传统村庄色彩对比明显、素描关系清晰的意境，注重村庄与周边自然环境协调。

住宅组群素描关系

村庄住宅组群宜有主色调，局部有所变化。主色调宜与周边树林、水系等自然色彩对比协调，相邻组群主色调可以不一样，但应注意相互关系的协调。

住宅素描关系

村庄住宅的素描关系主要体现在建筑细部上，包括屋顶、门、窗、围墙等建筑构件的色彩，特别应重视屋顶、围墙等影响村庄整体视觉效果的建筑构件的色彩、色阶关系。

(3) 规划引导的要点

影响村庄形态的因素很多，包括现有地形地貌、交通条件、村庄肌理、村庄外部环境、村庄文化、社会构成等，但以下三个问题是在村庄规划中特别需要注意的。

图 5-32　圆形边界的村庄

图 5-33　方正边界的村庄

① 村庄外环路

在城市的规划中，考虑城市交通的需求，多采取外环路的组织形式来疏解城市密集的交通；在城市的小区规划中，规划条件大多是由城市主次干路划定的方正地块，在方正的地块内部进行小区规划，因此外环路、方格网道路是城市规划中常用的做法。但是，由于村庄的特有属性，城市外环路的做法必须在村庄规划中尽量避免。除了交通需求、节省投资等原因，从村庄形态角度考虑，外环路将村庄与周边的自然环境相隔离，破坏了村庄的田园化特征。因此，村庄外环路的做法不能体现村庄形态的自然属性和村庄建设的经济性，应在村庄规划中避免这种做法。

② 生产用地和建设用地的关系

村庄形态是适应居民生活、生产方式的物质空间表现，传统的村庄大多以农耕为主，村庄是人们生活居住、社会交往的场所，只有极少量的以家庭为单位的传统手工业、加工业，因此，传统村庄的生产用地占建设用地比例较低。随着村庄经济的发展，居民的生活、生产方式在逐步转变，甚至有严重污染的工业也进入了村庄，对村庄形态产生了较大影响，生产用地比例越来越大，同时也带来了环境污染等问题。在规划中，必须协调生产用地与建设用地的关系，结合建设用地适当布局不妨碍乃至有利于改善生态的生产用地，避免设置对村庄环境影响较大的生产用地，保证居民有相对较好的生活环境。

③ 建筑和户型的多样化

村庄传统的肌理形态是自然而丰富的，但目前村庄建设中村庄肌理一般多采用现代街巷肌理——行列式整齐布局的单一肌理形态，空间单调，其根本原因在于当前对宅基地政策的僵化执行和村民的绝对平均主义心理。多样化的村庄建筑和户型消失了，传统村庄弯曲的街巷、错落的房屋、自然的池塘、多种变化的空间变成单一线型空间，街头房前的各种大小不同的公共、半公共空间统一为集中的公共活动中心，传统村庄邻里网络结构随之也变得松散。因此，村庄规划中应细心研究政策，精心构思形态，耐心做好引导，促进村庄形态的丰富变化。

二、公共空间

1. 村庄公共空间的意义

（1）空间意义

公共空间一方面使周边建筑功能多样化，另一方面，空间尺度的变化也能打破单一的街巷线性空间，丰富村庄空间形态。

（2）文化意义

村庄公共空间是村庄民居活动的主要场所，可以促进居民邻里的交往，在日常生活中增进相互了解与交流，避免邻里冷漠与社会的隔离。同时，居民交往的过程中，村庄的生活习俗、故事传说、地方语言等传统文化在无形中得以传承，随着村庄公共空间使用频率的提高和参与使用居民的增多，能够显著提升村庄的活力。

（3）经济意义

村庄的公共空间可以与生活配套服务设施结合，为居民提供商业、文化娱乐等多项服务，推动村庄第三产业的发展，有效提升村庄的经济活力。

2. 村庄公共空间的布局方式

（1）街道

① 空间作用

街道空间的作用体现在物质形态和社会生活两个方面。

在物质形态方面，街道主要承担村庄与外界联系的交通职能。同时，街道空间也是联系各个居住组团的通道，并将村庄主要公共建筑、较大的活动空间联系起来，起到村庄空间次序的组织作用。

在社会生活方面，街道空间大多和村庄的广场、戏台、商店等公共设施联系紧密，其社会生活功能远强于交通功能。街道为村庄居民提供了一个聚集、相互交流的场所，也是生活场所的延展，家与街并未完全隔离，与生活相关的活动、休闲娱乐、社会聚会等使街道融入生活，体现浓厚的生活气息。街道空间在推动居民相互了解、形成和谐的邻里关系方面起到了重要作用。

图 5-34　村庄街道空间

② 布局条件

一般说来，村庄的公共设施布置在村庄街道沿线，村庄街道成为人们日常生活交往的主要公共活动空间，这是村庄街道最本质的特点。同时，村庄街道还承担了各宅院与外界联系的职能，也是村庄乡土文化的重要特点。村庄街道的设置一般需要以下几个条件：

一是村庄具有一定的规模。村庄街道通常由具有商业服务功能的建筑围合而成，连续的公共建筑界面和地面共同形成了街道的空间轮廓线。如村庄规模过小，对商业设施的需求量难以形成较连续的建筑界面和较完整的线性空间，因此无法形成街道。小规模村庄不易正常产生充分的公共活动需求，一个缺乏公共活动的村庄也很难形成街道。

二是相对偏远的区位。偏远的区位对于村庄街道的布局具有关键性作用。邻近城市或集镇的村庄很难形成自己的街道，因为较好的区位条件使得村庄居民能够享受到城市或集镇提供的更好的生活服务，村庄居民的文化生活习惯已经向城市文化生活习惯转变，很多本可以在村庄街道上进行的活动转移到了城市或集镇，缺乏活力与生气的街道最终只具有交通功能，丧失了村庄街道最本质的特点。在城市近郊，这样的村庄随处可见，没有了充满活力的街道，村庄只是一个单纯的居住小区。

三是与周边乡村地区有较好的交通联系。村庄所处位置一般较为偏远，交通条件较好的村庄具有与外界联系、传递信息、交流物资的优势，往往会成为一定地域范围内的“交通中转站”、“物资交流中心”和“信息中心”，满足农民的公共服务与管理需求。村庄依托这些人流、物流和公共活动形成了街道。

③ 布局方式

村庄街道的布局受地形地貌、气候条件、交通条件、传统观念的影响。由于自然条件、功能要求、传统观念的差异，产生了多种多样、各具特色的街道空间布局方式。

根据街道空间的功能特点，可分为生活型和综合型两类。

生活型街道空间布局。生活型街道一般结合公共服务功能布置于村庄的中部位置，是村庄居民主要的公共活动空间，两侧居住均衡分布，保证公共服务的均好性。

综合性街道空间的布局。综合性街道除了公共服务功能以外，往往承担了过境交通功能，两侧的公共设施不但满足村庄居民的生活服务需求，同时，也为过境交通提供配套服务。综合性街道一般位于村庄外侧，路幅较宽，多为过境公路及等级较高的乡村道路。

根据街道空间的区位特点，可分为村内街道和村边街道两种类型。

村内街道空间布局。村内街道只承担村庄内部的交通联系作用，联系各个巷道、住宅组群，两侧服务设施为村内居民提供商业、文化娱乐等公共服务，是良好的村庄公共活动空间形式。

村边街道空间布局。村边街道一般为过境公路和等级较高的乡村道路，村庄大部分位于街道一侧，另一侧仅仅是沿道路布置一层建筑，多具有服务功能。村边街道承担了过境交通、停车及为过境车辆、人员提供配套服务的功能。

根据村庄街道形态可分为规整型街道和随机型街道两种类型。

规整型街道空间布局。规整型街道多存在于平原地区村庄。由于受到中国传统礼制的影响，村庄街道空间体现了部分中轴线特征，一般位于村庄中部，以村口广场结合公共设施成为街道空间起点，街道联系各个居住街坊，两侧布置商店等生活服务设施。

随机型街道空间布局。随机型街道空间多存在于地形地貌条件复杂的地区，沿水顺山布置，水系、山体等都会对村庄街道空间布局产生较大影响。相对于规整型的街道空间，随机型街道适应性、经济性较强，形态自由多变，可分为折线型、曲线型、台地型等，这种类型街道空间能够更好地与自然条件相结合。

（2）场地

① 场地的类型

村庄的场地根据其功能一般分为生活型场地和生产型场地。生活型场地包括村庄的小广场、公共绿地等为生活配套服务的公共空间；生产型场地主要是为生产配套服务，包括打谷场、晒场等。

② 场地的营造

场地的营造主要通过建、构筑物或自然地形地物围合构成。公共服务设施、住宅、绿化、水体、山体等建筑物、自然地形地物都可以用作围合形成村庄广场、公共绿地、打谷场、晒场等场地。

③ 场地的适应性和注意点

村庄生活型场地一般位于村庄的中心或交通比较便利的位置，是村庄居民活动最频繁的区域，应结合村庄现有公共空间布局。生产型场地一般布置在村庄的边缘区域，与生产用地紧密结合，具备机动车通达条件。

（3）村口

村口，在古代是一个村庄规划建设中非常重视的。对于家园命运的梦想和希望，往往通过村口的精心设计来表达。它关乎村庄的整体形象、生活环境，甚至是安全防御等。

① 村口的作用

村口主要起到三方面的作用。首先是门户作用，村口作为对外联系的交通节点，是村庄对外联系的必经之地或最为便捷的地方；其次是象征作用，是一种包装，村口是村庄的标志，村口高大的树木或耸立的牌坊等标志性景物也在提示村庄的位置；最后，村口起到了很强的文化作用，构成村口的景物往往是村庄发展的历史见证，也是村庄最具代表性的节点空间，因此，村庄居民有强烈的空间认同感，也体现了村庄的历史与文化。

② 村口的选址

村口的选址应与其作用相对应，满足三个方面的要求，第一，村口必须选择在村庄对外交通便捷的地段；第二，村口应该有较为明显的景观特征，起到较好的提示作用；第三，村口应该选择具有代表性的村庄空间形式，以充分体现村庄的历史文化，符合居民的心理认同。

③ 村口的设计方法

村口的设计应当能够代表人们对于村庄的情感认同，加强村庄对于外界的吸引力，方法概括起来有以下几点：

植物造景营造村口：建立村口绿色生态体系，保存村口原有多样化的自然生态环境，并可种植色彩明快的高大乔木如银杏、枫树等作为村口标志，古树名木是村口标志中的上品。也可以通过一定规模的植物群组与景观小品组合形成色彩醒目、层次丰富的生态景观体系，从而达到烘托村庄入口的效果。

建筑营造村口：作为村口环境的主体，公共设施最为适宜，如管理用房、小商店、餐饮等，也可以是民居宅院。宜加强建筑与景观的导向性，可设置一定规模的广场，突出入口形象，

图 5-35　常州市武进区雪堰镇雅浦村东入口

图 5-36　植物造景营造村口

图 5-37　建筑营造村口

展示地域风情。充分考虑村口植被配置关系，尽可能利用或保留其原始自然形态。村口附近的停车场应适当控制规模，强化村口空间与主干道之间联系。

构筑物营造村口：利用村口的地形地貌高差变化、外观特征，结合构筑物营造村口景观，如：山石、雕塑、牌楼等或其他小品，重点是保证构筑物与地形地貌的协调，并起到提示村口的作用。

图 5-38　构筑物营造村口

三、住宅组群空间

1. 住宅组群的空间作用

（1）增强领域感

住宅组群空间主要使用人群为组群内居民，通过边界、通道、节点等从空间上形成较强的心理暗示，加强组群居民的集体认同感和归属感，从而有利于加强居民的社会组织和协作精神。

（2）丰富空间变化

村庄建筑组群的群体形态可以通过建筑、巷道的不同组合方式产生变化，从而形成尺度较大、介于建筑与村庄之间的空间类型，从而丰富村庄的空间景观与层次变化。

（3）提升文化品位

住宅组群空间的形成能够有效提高居住的文化品位，通过塑造具有特点的景观系统，实现景观的多样性、标识性，无疑会有助于提高组群居民的自豪感，形成良好、向上的集体心理状态。

（4）延续村庄传统脉络

我国传统村庄多为同姓宗族聚居，在生产、生活联系紧密的基础上聚居形成较为明显的组团式布局。在新的发展阶段，住宅组群空间实际上继承了传统的村庄空间组织方式和建房习惯，对于传承文化具有重要意义。

2. 住宅组群空间的设计途径

（1）住宅组群轴线：纵轴、横轴、折轴、无轴

传统村庄住宅组群由于受到礼制的影响，一般为轴对称布局，轴线多为南北向，在地形地貌变化的地区，也存在横轴和折轴的情况，横轴多为串联东西两侧偏门的轴线；

图 5-39　现代村庄的组群核心

折轴多是因为随着村庄组群的生长，受地形或已有建筑、树木等限制出现了轴线的偏移所致。村庄住宅组群以庭院为公共中心，围绕轴线前后分区，轴线对称，形成严谨清晰的住宅组群布局。

① 部分传统村庄往往围绕宗祠或牌坊、古树、古井等形成组群核心，体现村庄悠久的历史文化和独特的风俗民情。也有不少村庄组群没有明显的轴线关系，特别是在山地和水网比较密集的地区，可建设用地范围比较小，村民住宅各户顺应河流走向自由布置。

② 村庄组群的核心一般宜为公共设施、开放空间或具有标志性的构筑物、树木植物等，设计住宅组群时可通过公共设施、开放空间形成轴线，通过标志性的构筑物、树木植物形成轴线上的组群核心空间。公共设施结合公共空间形成组群核心是目前大多数村庄采用的方式，能够增强居民归属感、提升活力。

(2) 住宅组群入口：南入口、北入口、东西入口

传统村庄组群的入口有多个方位，包括南入口、北入口和东入口，由于传统风水文化的影响，住宅组群很少选择西入口作为组群主要入口。村庄组群入口与传统民居入口类似，为保证居住的私密性，大多布置入口的过渡空间，并结合入口庭院形成村庄建筑组群的主入口。

村庄住宅组群的入口应设置在村庄主要街道上，便于与村庄公共空间联系。同时，可以通过设置标志性构筑物、树木植物，形成村庄街道的空间节点，起到住宅组群的标示作用。

(3) 住宅组群院落: 开敞式、套院式、庭院式（前院、后院、侧院、内院）

传统村庄住宅组群由于社会结构和家族、宗教聚居等原因，多形成多种院落组合方式，通过多种院落及院落组合形成层次分明的空间布局，院落形式包括开敞式、套院式、庭院式等多种类型。

现代由于生活方式、社会结构及土地政策的改变，这种院落组合方式在村庄已经很少出现。现代村庄住宅组群院落可借鉴传统多进院落的组织方式，将功能

图 5-40　住宅组群的入口

图 5-41　开敞式住宅组群院落

图 5-42　套院式住宅组群院落

图 5-43　庭院式住宅组群院落

不同的前院、后院、侧院进行组合，灵活使用开敞式、套院式、庭院式等组合方式，将院落的外部空间按照一定规律交织穿插设置，表现出有组织的变化，获得丰富多变的户外空间和不同方式的建筑组合景观效果。住宅群组中适宜安排主体建筑，作为建筑群组布局的核心，一般布置在重要轴线上，占据重要位置，核心庭院围绕它展开。

（4）住宅组群体量：主体式、均衡式、重复式

住宅组群根据其建筑体量可分为主体式、均衡式和重复式三种类型。主体式住宅组群具有较为明显的轴线关系，功能比较重要的建筑体量较大，位于轴线核心位置，形成主体突出的组群结构；均衡式住宅组群在其轴线上的建筑体量不像主体式那样突出，强调整个组群的平衡；重复式住宅组群将一个院落作为基本模式，通过重复的拼接，形成整体均衡的住宅组群。

由于现代村庄社会结构的变化，家庭趋向小型化，住宅组群中一般不会出现体量较大的公共建筑，因此现代村庄建筑组群更多的是组群规模的区别。应综合分析村庄规模、亲缘、业缘关系、地形地貌特点以及当地的文化特征等因素，来确定组群数量、组群的住宅数量，以及组群的布局方式；并研究村庄的历史文化特征，指导组群建设，传承村落文化。

（5）住宅组群排列

现代村庄住宅组群应延续传统村庄住宅组群的排列技巧，结合自然地形地貌，形成灵活的布局形态，与自然有机融合。在地形较为平坦的地区，也要利用住宅户型、院落大小、建筑组合的变化打破空间单一的行列式布局，形成丰富多变的村庄空间形态。

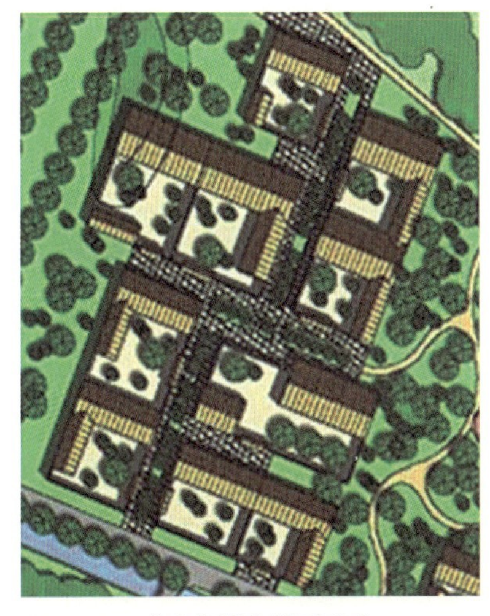

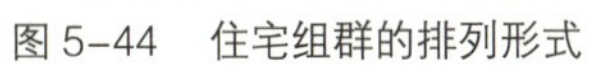
图 5-44　住宅组群的排列形式

四、院落空间

1. 院落的作用

（1）适应农村家庭的户外活动需求

农村生活的院落不但是对居民住宅界线的界定，也是生产、生活的需求。一般而言，村庄住宅院落需要满足居民生产、生活资料存储、户外起居、配套厨房、厕所等功能要求。

（2）庭院经济

村庄住宅院落应与庭院经济相结合，通过设置家庭手工业生产场地、经济作物种植园地，推动家庭副业的发展，增加农民收入。

（3）乡村特色

院落是丰富村庄空间形态、构筑特色景观的重要元素，通过建筑与院落、院落与院落之间的拼接组合，形成错落有致、变化多样的村庄空间形态，体现村庄的空间和风貌特色。

2. 院落布局

按照与主体建筑方位关系，分为前院、后院、侧院和内院。

（1）前院——是住户的入口空间，一般直接面临村庄的道路，是主要的院落类型，容纳了储藏、起居、厨房、厕所等诸多功能。同时，与居住部分的相对隔离为主人接待提供了方便，很多情况下不进入家庭的私密空间就可以处理事情。

（2）后院——这里是家庭活动的中心区域，属于家庭的私密空间，大多数家庭内部的活动都在后院开展，也是联系家庭核心功能区的过渡空间，主要面对住宅的起居室、卧室等。

（3）侧院——侧院往往和餐厅结合使用，是餐厅向室外空间的自然延伸，属于半私密公共空间，如与家庭关系较为密切的亲属、朋友聚会活动等。

（4）内院——内院一般出现在用地规模较大的村庄住宅中，由建筑围合的内院可以改善大进深建筑的自然通风和采光，并起到联系住宅各个功能区的作用。

3. 院落的围合

院落的围合有多种方式，主要是通过有形介质的围合形成具有场所归属感的空间边界，一般包括墙体、栅栏、绿篱、树木、河流水体、山体等自然地形地物的围合等多种方式，也可以是几种方式的混合。

建筑围合主要通过住宅中各类不同功能用房进行围合，形成的院落多为联系空间；墙体围合的院落私密性较强，方便家庭内部活动；栅栏围合具有半开放性，由此形成的院落空间可用于对外功能，如前院、侧院等；绿化围合指使用树木、绿篱等结合住宅建筑围合院落空间，一般不宜用于家庭私密活动；自然地物围合主要利用住宅周边的河流、山体结合建筑进行围合，利用自然地物围合能将自然生态引入院落，形成较好的院落对外视觉景观，最适合用作亲朋好友聚会的半私密院落。

此外，村庄住宅院落还可以通过无形介质如道路作为院落界限，可用于形成前院，主要承担对外功能。

五、滨水空间

1. 滨水空间作用

滨水空间在村庄交通、生态、景观等各方面都具有重要作用。沿河的滨水道路往往是水运与陆运转换的节点空间，具有较强的交通性，在以水运为主的村庄这种交通作用尤为明显。村庄的河流一般是村庄的直接水源，其生态保护作用也十分重要，滨水区域物种丰富，是保护生物多样性的重要地带；滨水空间将周边自然生态引入村庄内部，能够极大改善村庄的生态格局和居住环境品质。同时，滨水空间也是塑造村庄景观、体现村庄特色的重点区域，村庄随着河流走势自然生长，可以形成优美多变的村庄形态和空间，营造村庄独特的景观系统。因此，村庄规划应高度重视滨水空间的安排、保护和利用。

2. 滨水空间的布局方式

滨水空间是村庄的重要资源，应当尽可能让更多的村民享受。在布局上应当保障公共性，注意均好性，加强多样性。水网密集等滨水空间资源丰富的村庄，也可兼顾私密性。

图 5-45　道路滨水

图 5-46　建筑滨水

图 5-47　绿化滨水

图 5-48　产业滨水

具体布局应处理好滨水安排功能、内容、形式与水的关系。一般主要有以下布局方式：

道路滨水。应尽可能沿路布置公共设施，以方便更多人享受滨水空间，并应注意临水一侧的安全防护。

建筑滨水。宜公共建筑、特别是公共活动类、旅游类建筑滨水，要旨是临水一面应充分开窗，或采取其他措施支持活动亲水，保证视野及水。滨水资源丰富时住宅亦可临水，形成私密性滨水空间。

绿化滨水。注意选择亲水品种，植物成熟体量应与所在空间的尺度和环境风貌相协调，避免不恰当地遮挡视线和其他景观。

产业滨水。具有运输功能的水体旁宜布局依靠水上运输的企业，包括依靠水运农产品的农户。

总之，要充分利用滨水空间资源，按照村民的行为规律，精心进行组织，使滨水空间成为村庄的精华地段。

六、农业生产空间

1. 生产空间类型

(1) 主要生产空间

村庄的主要生产空间包括养殖、种植和小型加工、手工业所依托的建筑、场地、水体、田地等，主要生产空间直接生产农副产品。

(2) 配套生产空间

配套生产空间指辅助生产所必需的建筑、场地，如库房、修理站、晒场、堆场等。

2. 生产空间布局方式

养殖业、小型加工厂等对村庄环境有较大影响的生产空间应布置于村庄外围，并与村庄保持一定的安全防护距离。

晒场、堆场、种植园等生产空间宜结合村庄住宅组群布置于村庄边缘，方便村民使用，同时，形成村庄的公共空间，加强邻里交往，提升村庄活力。

手工作坊宜根据其对环境的具体影响情况区别安排。不影响环境的可结合居民住宅分散布置于村庄内部，有利于提高工作效率，充分利用居民的空闲时间，创造经济效益。

第三部分

村庄规划典型实例分析

第六章　村庄规划技术路线

一、要求及要点

1. 规划要求

在上位规划指导下，以满足村民的生产、生活需求为依据和目标，适应本地区村庄的建设方式，提升村庄人居环境，促进村庄经济社会发展。重点协调好几个方面的关系：村庄产业发展与自然、历史文化资源保护与利用的关系，村庄布点与农业生产之间的关系，村庄建设标准与经济发展水平的关系，旧村更新与新村扩建的关系，村庄现代化与乡土性之间的关系。

2. 规划要点

（1） 充分细致的现场调研

在一般规划现场调研的基础上，村庄规划更应注重对以下几点的了解：村民生产、生活方式和习惯，村庄经济发展水平，村民建设意愿及方式，村庄民风民俗，村庄用地权属关系，等等。

（2） 与上位规划及相关规划的衔接

村庄规划应以所在地的乡镇总体规划为依据，应与其他的上位（如产业规划、土地利用总体规划、交通及其他基础设施专项规划、旅游规划等）相关规划相协调。

（3） 注重村庄分类

前文已对村庄类型作了界定，如乡村型、城郊型、旅游型、保护型等，不同类型的村庄规划的侧重点与编制方法都有较大的差异，因此，编制村庄规划首先应明确村庄类型，有针对性地制定规划方案。

（4） 保护和传承地方特色

村庄的地形地貌、建筑肌理、空间格局、民风民俗以及村庄产业等，都承载着地方特色，规划应注重对现有或隐含的地方特色进行挖掘和提炼，并在规划内容中落实保护和传承的方式与措施。

（5）尊重村民意见

在规划之初应充分了解村民的建设意愿，在规划过程中要充分征求村民意见，在规划实施阶段，要将批准的规划内容进行公示，真正做到村民对村庄规划的全过程参与。

（6） 简明的成果形式

村庄规划执行的主体是村民，规划成果一定要让村民看得懂、愿意看，因此规划成果力求精简、明了。应多采用图文并茂的表达方式，图纸数量尽可能精简，文字说明尽可能直白，避免太专业化和理论化。

二、成果建议框架

村庄规划成果包括规划文本和规划图纸两部分。

（一）规划文本

1.村域规划

（1）现状与社会经济发展条件分析；

（2）规划目标及规划范围；

（3）村域产业布局结构以及耕地等自然资源保护的安排；

（4）村庄（居民点）各类人口、建设用地规模及范围；

（5）村域公益性公共服务设施布点，基础设施的布局、配置规模及内容。

2.村庄（居民点）建设规划

（1）总则

（2）村庄（居民点）布局

①规划建设用地范围；

②布局结构。

（3）公共服务设施

①布局；

②内容及配置规模。

（4）住宅建设

①住宅建设类型；

②住宅建设要求。

（5）基础设施规划

①道路交通工程：道路等级与宽度，停车场地；

②给水与消防工程：水源，管网，消防设施；

③排水工程：排水体制，污水处理，管网；

④供电工程：电源，供电线路，路灯；

⑤通信工程：线路；

⑥燃气工程：供气方式，线路，供气设施；

⑦环卫工程：垃圾收集点，垃圾运送，处理方式，公厕。

(6) 绿化景观规划

①绿化规划：绿化布局，绿化配置；

②景观规划：村口景观，水体景观，建筑景观，道路景观，其他重点地区景观。

(7) 主要技术经济指标及投资估算

①主要技术经济指标；

②投资估算。

不同规模、类型的村庄，可根据实际需要进行适当的增减。

(二) 图纸

1. 村域规划图纸

(1) 村域位置图（选择图）

标明行政村在乡镇域的位置、范围及与周边地区的关系，可绘制成示意图，比例尺可根据乡镇域大小而定。

(2) 村域现状图

图纸比例为 1 ： 5000 ～ 1 ： 10000。标明村域行政界线（以民政部门勘定界限为准）、地形地貌、村域内各类用地现状、道路及设施分布。

(3) 村域规划图

比例尺同上。标明村域产业（含耕地等自然资源）用地布局及范围、各村庄（居民点）用地范围；村域的公益性公共服务设施布点，道路规划走向和断面形式以及工程管线的位置走向等（管线种类较多时可单独绘制村域基础设施规划图）。

2. 村庄（居民点）建设规划图纸

(1) 村庄现状图（标示村庄位置）

图纸比例为 1：1000 ～ 1：2000，标明村庄地形地貌、道路、绿化、工程管线及建筑的用途、层数、质量等。

(2) 村庄规划总平面图

比例尺同上，标明规划建筑、绿地、道路、广场、停车场、河湖水面、生产性服务设施等的位置和范围。

(3) 村庄设施规划图

比例尺同上，标明道路的走向、红线位置、断面形式、道路的主要控制点坐标、车站、停车场等交通设施位置及用地界线；确定各类市政公用设施、环境卫生设施及管线的走向、管径、主要控制点标高，以及有关设施和构筑物位置、规模。

(4) 其他图纸（选择图）

住宅选型图，公共建筑选型图，效果图。

所有规划设计图纸均应标明图纸要素，如图名、图例、图标、图签、比例尺、指北针、风向玫瑰图等。

第七章　规划实例分析

一、传统特色村庄

（一）总体要求

传统特色村庄不同于古村，村庄内没有需要专门保护的文物古迹，但其空间格局、建筑肌理、景观风貌都延续了一些传统特点，有的还具有一定的地域特色。较之需要专门保护的古村落，这类村庄更为面广量大。

传统特色村庄规划应当重视继承村庄积极的、有生命力的传统，包括物质和非物质的，延续村庄的文脉。新建建筑应注意与现有房屋之间的协调，村庄整治中须重视处理好道路、绿化等现代需求与传统的适应性和设施的乡土化。

（二）案例

1. 苏州东山镇陆巷村朱巷自然村

（1）现状概况及特征

该自然村地处太湖之滨，依山傍水，风景秀丽。村内现状建筑较为密集，分布自由，院落交错，呈现出江南传统村落的肌理特征。建筑质量参差不齐，村民住宅建设年代相差较大，有 1970 年前建设的平房，数量较多的是 1980 ~ 1990 年建设的 2 层楼房，也有少量 2000 年以后建设的质量较好的楼房。

（2）规划思路

① 延续传统村落空间

规划形成新村和旧村两个部分，新、旧村之间保留现状的水面、果林等绿色生态空间，形成一条东西景观轴线联系新村和旧村，使新旧村成为既相对独立又有机融合的统一整体。梳理旧村内部空间，尽量保存质量较好的住宅建筑，质量较差的根据需求进行整修或翻建；拆除破旧建筑，整理土地；完善基础设施，理顺街巷系统，增加绿化和公共活动空间，提升村民生活品质。

② 尊重和引导村民生活、生产方式

通过对村民生活方式分析，理解村民对住宅、生产建筑空间的传统需求特点，引导现代生产方式，并对由此产生的新建筑空间需求进行规划设计。

③ 与旅游发展相结合，注重村落空间特色的设计

通过特色化的手段，使村落的空间元素具有游憩体验的价值，将村落的营建和旅游发展结合起来。

(3) 村落传统空间要素构成与设计

① 街巷

规划通过商业街、水巷等特色空间，配合若干贯通式、尽端式、转折式巷弄，形成富有苏州民居特色的街巷界面。巷弄曲折进退，绿地游园穿插其间，主要街巷以条石铺砌，注重铺砌纹样的变化，局部结合绿化、小品的配置，形成具有传统风韵的街巷空间。

② 建筑组群

新村建筑采用旧村的传统住宅空间关系形成组群布局，对旧村内部空间进行梳理，形成若干住宅组团。组团内部结合巷弄的组织，新规划或利用现状空地设置公共交流活动空间。

③ 院落

院落包括公共、半公共、私密院落等多种性质，规划延续传统建筑的院落空间围合手法，结合住宅设计，形成前院、后院、侧院、内院等不同布局特点的院落，并结合辅房设置，形成多种院落组合。

④ 理水

规划尽量保持自然岸线，梳理道路与水系的走向关系，增加临水的住宅、公建，将开阔的水面与公共活动带相连，组织临水活动空间，处理好沿水的公共性与私密性的关系，通过石板平桥、拱桥等加强水空间节点的设计。

图 7-1　现状图

图 7-2　规划总平面

⑤ 村口

规划以自然景观作为村口特色要素，以两棵较大的香樟为标志，分别设置在新村南北出入口处。

图 7-3　鸟瞰图

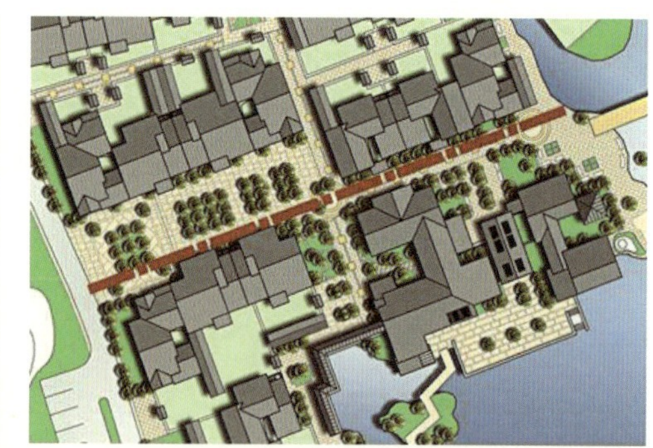

贯通式街巷

尽端式街巷

图 7-4　村口效果图

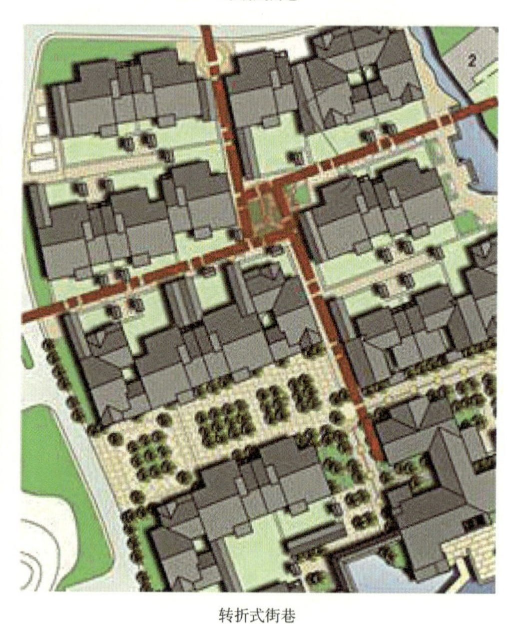

转折式街巷

图 7-5　街巷示意图

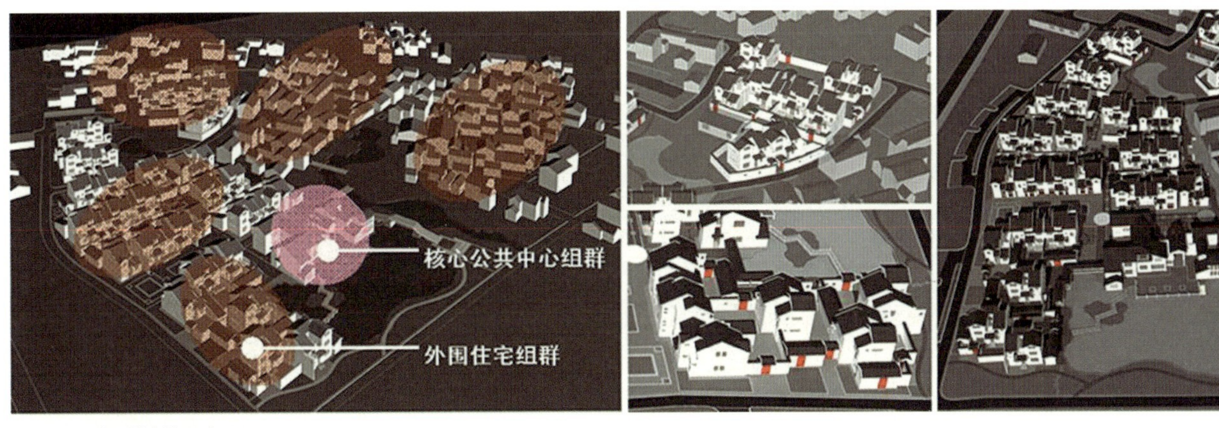

图 7–6　组群结构示意图

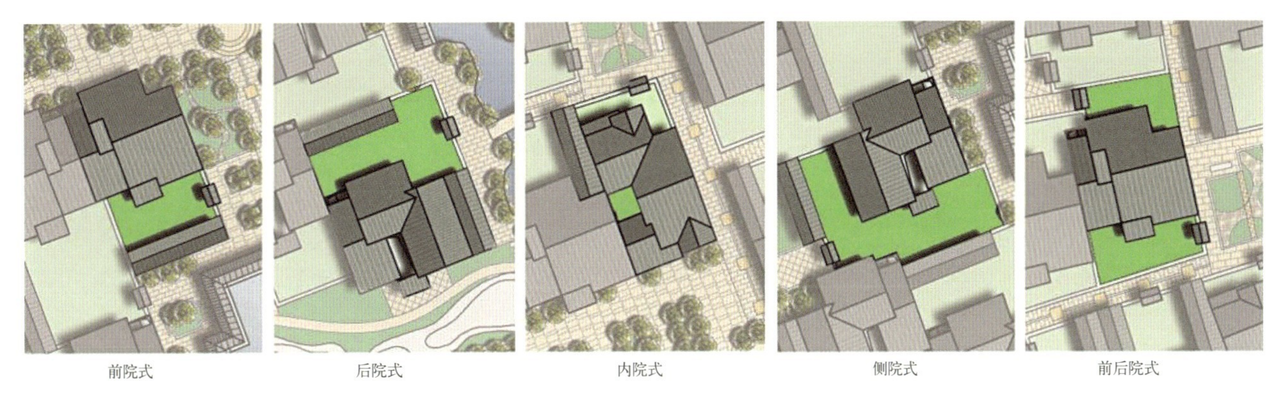

图 7–7　院落示意图

2. 江西省高安市八景镇上保蔡家村

（1）基本概况和特征

蔡家村素有八景镇“西大门”之称，现有村民 61 户、220 人，现状建设用地约 2.88hm^2。村庄具有以下几个特征：

① 特色传统民居，高耸的封火墙，起翘的檐角，精致的“卍”字窗花，素雅的黛瓦坡顶，格调雅致和谐。

② 果树和古树众多，尤其是村头的两棵树缠绵共生，成为一处独特的景观。

③ 家用沼气设施基础好，村中 1/3 以上的农户均配置了沼气池，取得良好的经济和环境效益。

（2）整治内容

规划针对现状建筑质量状况，按保留、整治、拆除三种方式分类处理，对不满足通风、采光、消防等规范要求的用房合理重组，形成“一轴一环三场地”的空间景观格局。

① 对居住组团、特色公共设施场地、生产设施场地等都作了统筹安排。基本保留现状建筑，体现当地民居的建筑景观魅力。

② 对名木古树、村头、池塘、特色建筑等提出了各有侧重点的整治和保护方案。既能为农户增加经济收益，还能为蔡家村将来发展农家乐休闲度假基地奠定基础。

③ 形成了“人车分行”的交通格局，并对绿化、景观系统、基础设施工程特别是沼气工程进行了统筹规划。

④提出了详细的年度整治计划，对 2005 ~ 2008 年各年的整治内容逐项列出，并做了投资估算。

(3) 规划特色

规划重视和加强对上一层次体系和布点规划等前期工作的研究与衔接，从而达到设施共建、资源共享、节约用地的目标。

根据当地地域、区位条件和经济水平等实际情况，采用少量迁建、部分新建、大多数就地整治等多种模式，因地制宜，适度量行，灵活机动，易于实施。

注重基础设施和公共设施的配套，通过制定和完善相应的技术标准，形成了一整套成熟可行的配套集成技术，具有良好的示范效应。

规划体现了新农村建设应达到“生态、环保、明秀、和谐”的总体宗旨，凸显了生态建设的魅力。通过保护古树竹林、保留特色建筑、推广沼气工程、村内普种果树等一系列措施，实现生态环境的良性循环，打造优美的田园风光。此外，规划还对村庄外围结合地形、地貌及可利用的自然环境条件，进行了精心的统筹规划安排。

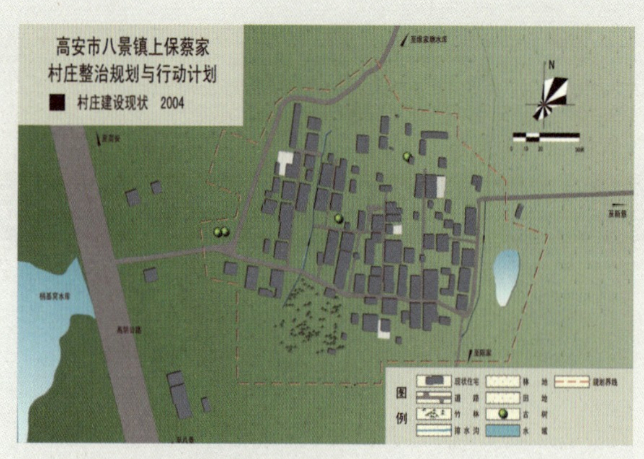

图 7-8　村庄建设现状图 2004

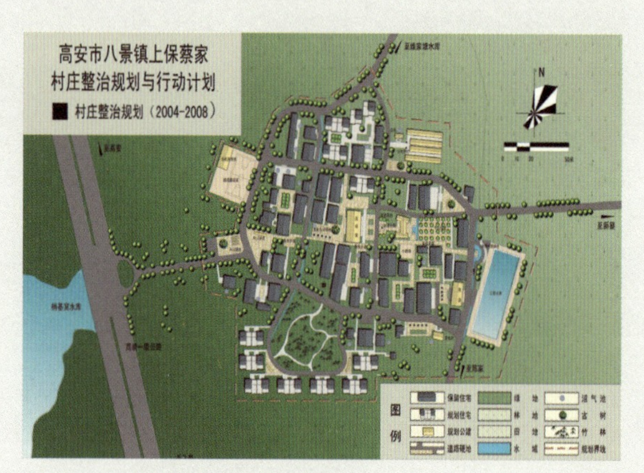

图 7-9　村庄建设规划图 2008

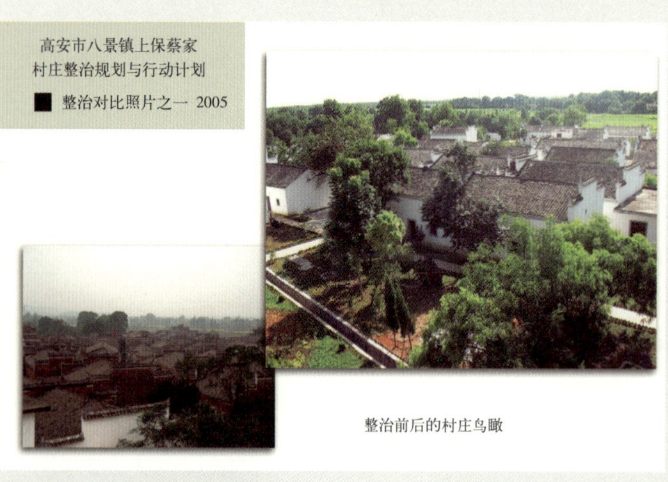

图 7-10　村庄整治前后对比

图 7-11　鸟瞰图

二、旅游特色村庄

（一）总体要求

1. 旅游型村庄定位条件

（1）内部资源条件

一般情况下村庄能否成功发展旅游业的决定性因素是村庄是否具有合适的旅游资源条件，主要包括历史文化资源、生态资源及产业资源三个方面。这些资源的特点应当区别于城市旅游资源特点，并以特质性鲜明者为佳。

历史文化资源包括村庄山水格局、古建筑、古街、古遗址、古树名木等物质文化遗产和乡土风俗文化、民间传统手工艺、乡村曲艺等非物质文化遗产。生态资源主要是以山体、植被、水系等自然生态为基础。产业资源主要指村庄在区域内具有相对优势并可作为休闲观光对象的产业，包括具有鲜明特色的种植业、畜牧业、水产养殖业、手工业等。

（2）外部条件

① 相对优越的区位为前提

区位条件是村庄发展旅游业的外部前提条件。因为村庄作为旅游目的地，除了如安徽的西递、宏村等少数具有很高旅游资源价值以外，一般优势不明显，对游客的吸引力较弱，若其偏远导致到达时间过长、成本较高，无法吸引足够的旅游者，则村庄很难发展旅游业。

② 良好的交通条件作保证

村庄无法像大多数风景名胜区那样提供丰富的旅游资源和多元化的旅游服务，使得旅游者延长其逗留时间。一般来说，除了风景区沿线，乡村旅游客源对象主要以短途旅游为主，因此，村庄必须交通条件良好，缩短游客往返时间成本，提高旅途舒适度。

③ 区域客源市场为支撑

乡村旅游作为一种生态休闲旅游模式，主要客源是城市居民，这就要求村庄周边区域内城市经济发展达到一定水平，城市居民生活已经从温饱型向小康型转变，这样的区域客源市场才能支撑乡村发展旅游业。

2. 旅游型村庄规划要点

（1）旅游产品

旅游产品是旅游供给和接待能力的基本因素，其内容不仅包括有形的旅游资源、旅游设施等，也包括无形的旅游服务、旅游线路和日程安排等。旅游型村庄必须结合其旅游资源布置旅游服务设施，形成具有特色主题的旅游项目，并加强旅游宣传，打造有特色的乡村旅游产品。

（2）旅游设施

① 景点

村庄旅游景点设置距离不宜过大，保证各个景点之间联系紧密，形成相互关联的景点群。应结合当地风俗文化、产业特点，并加强景点活动的参与性，形成村庄旅游景点的特色。

② 餐饮

村庄旅游餐饮应突出当地特色，尽量采用本地材料，保持乡土风味，在食品结构上应偏向于绿色食品，以“生态、健康”为主题，形成区别于城市餐饮的鲜明特点。同时，宜结合本地建筑装饰风格，形成具有地方特色的餐饮环境。

③ 家庭旅馆

村庄经济基础比较薄弱，而且旅游多有淡旺季，一般不宜单独建设旅馆等旅游接待设施。应结合村民住宅建设，加强引导，发展农家住宿接待，拓宽农民就业渠道，减少发展旅游的建设成本，同时还可以让城市游客更好地体验农家生活趣味，密切城乡居民之间的交流、城乡文化的交融。

④ 交通设施

旅游型村庄的交通设施应区分其主要用途合理设置。主要为旅游服务的机动车道路采用较高的建设标准，不应穿越村庄，避免对村庄造成较大干扰；旅游步行道路应着重强调乡土特色、生态特点、传统风貌和环境氛围；旅游停车场应布置在村庄外围，并满足安保要求。

3．重点注意的问题

（1）文化特质问题

乡村风情、乡土特色、地方特点是村庄旅游的生命力、竞争力的根本所在，规划必须高度重视对这些要素的理解、挖掘、保持和发扬，尽可能避免城市化、同质化。

（2）交通组织问题

规划在组织村庄交通时应减少村庄旅游与村庄居民生产、生活的相互干扰；同时，在旅游交通组织上，需要避免车行交通对村庄旅游资源的影响，应将机动车限制在景区范围以外，尽量通过步行或其他无污染交通方式联系各个景点。

（3）资源利用问题

规划应重视村庄旅游容量要求，不宜过大规模地建设旅游服务设施，透支村庄旅游资源；同时，应将治理发展旅游所产生的污染纳入到村庄规划统一考虑，做到生态环保和可持续发展。

（二）案例

1．北京市海淀区管家岭村

（1）现状概况

管家岭村位于北京市海淀区阳台山风景区半山坡处。村域面积约 266.81 hm^2，村域人口263人。村庄现状整体由东南向西北沿地形随坡布置，果园与农宅交织布局。村庄历史悠久、文化资源丰富，有金山寺、朝阳庵及桃峪观遗址等众多文化遗产。自1996年始，村民开始从事果品采摘、农家餐饮住宿等民俗旅游服务业。

（2）主要技术路线

① 本次规划内容包括村庄现状调研报告、村域规划和村庄规划三大部分。规划根据村域和村庄的不同特点，分别进行了相关的专题研究。

② 规划对村庄产业定位多层面剖析，明确发展方向，提出村民的收益调整方案。盘点村庄家底，设立产业发展项目库。

③ 以问卷调查方式了解服务设施现状和村民需求，综合考虑上位规划可提供的设施类型及时序，确定农村建设的公共服务设施项目库和基础设施项目库。

④ 以村域空间分区管制和村庄建设导则应对近期建设管理需要，建立分户档案，方便建设管理索引。

⑤ 简易改造村庄景观节点，美化村民日常生活环境，营造民俗旅游氛围。

（3）规划内容及特点

①产业规划

规划根据村庄现有的产业条件，确定发展民俗旅游业为近期提高村民收益的主要途径。

通过盘点村庄资源条件，并且与周边地区比较，最终选择了以农房出租度假旅游为主导的旅游发展模式。将此类模式发展所需要的条件和村庄现有的

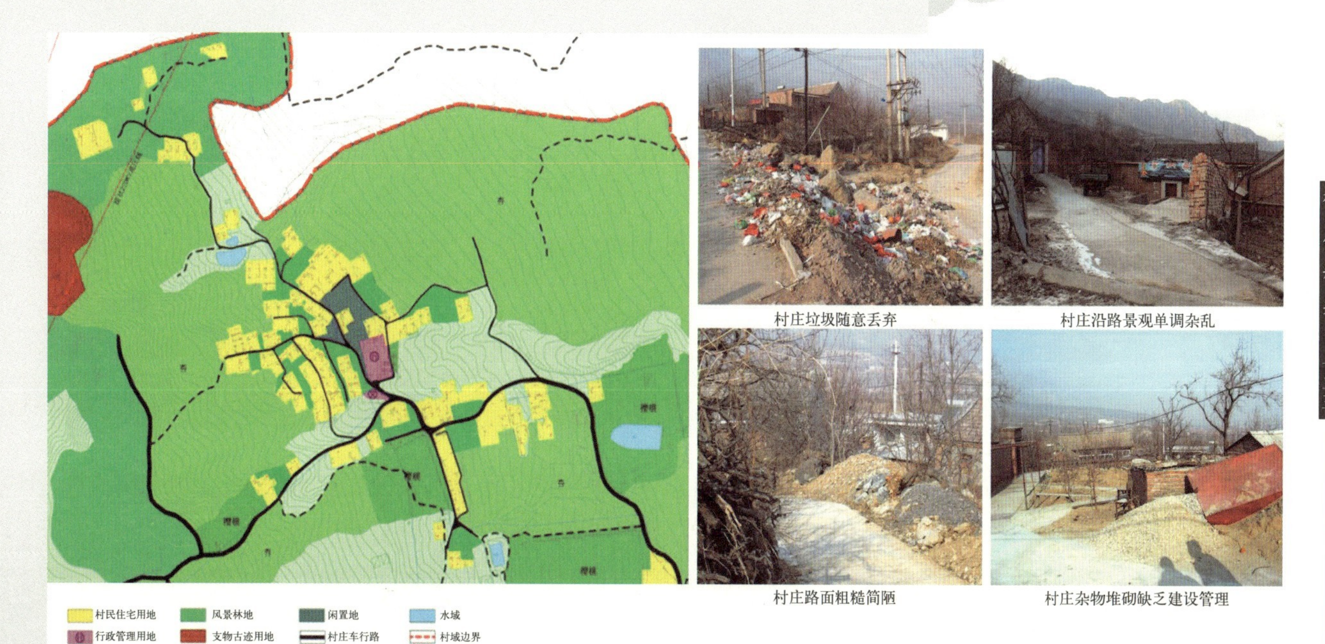

图7-12　土地利用现状

条件进行比较，明确了村庄建设的总体目标，策划了村庄的旅游发展主题，划定村域旅游发展分区。

② 公共服务设施规划

规划根据村庄现有设施、周边地区可提供的设施以及上位规划提供的服务设施等进行综合分析，结合北京市新农村建设服务设施配置的相关标准，明确了本次新农村建设的公共服务设施近期建设项目。通过对村庄建设用地的调整挖潜，在不增加建设用地的情况下，合理布局了大量新建公共服务设施。公共服务设施规划包括公共服务设施配置、污水处理与再利用、雨水收集与利用、燃气和冬季采暖等内容。

③ 空间整治

规划提出了渐进式的村庄空间整合改造方案，包括布局调整、景观改造和农房改造三大部分。注重山地村庄景观格局的保护与特色塑造，通过三种空间布局方式，将村庄空间分为三个景观风貌区：核心民俗区、“田园农家”风貌区和“果林人家”风貌区。

④ 建设管理

为了便于村庄建设管理，规划从村域和村庄两个层面提出了村庄建设要求：村域层面，提出了禁止建设、限制建设和引导建设等三个建设控制区；村庄层面，根据建设用地类型的不同，提出了容积率、绿化率、建筑高度和建筑风貌等方面的相关要求。

图 7-13　土地利用规划图

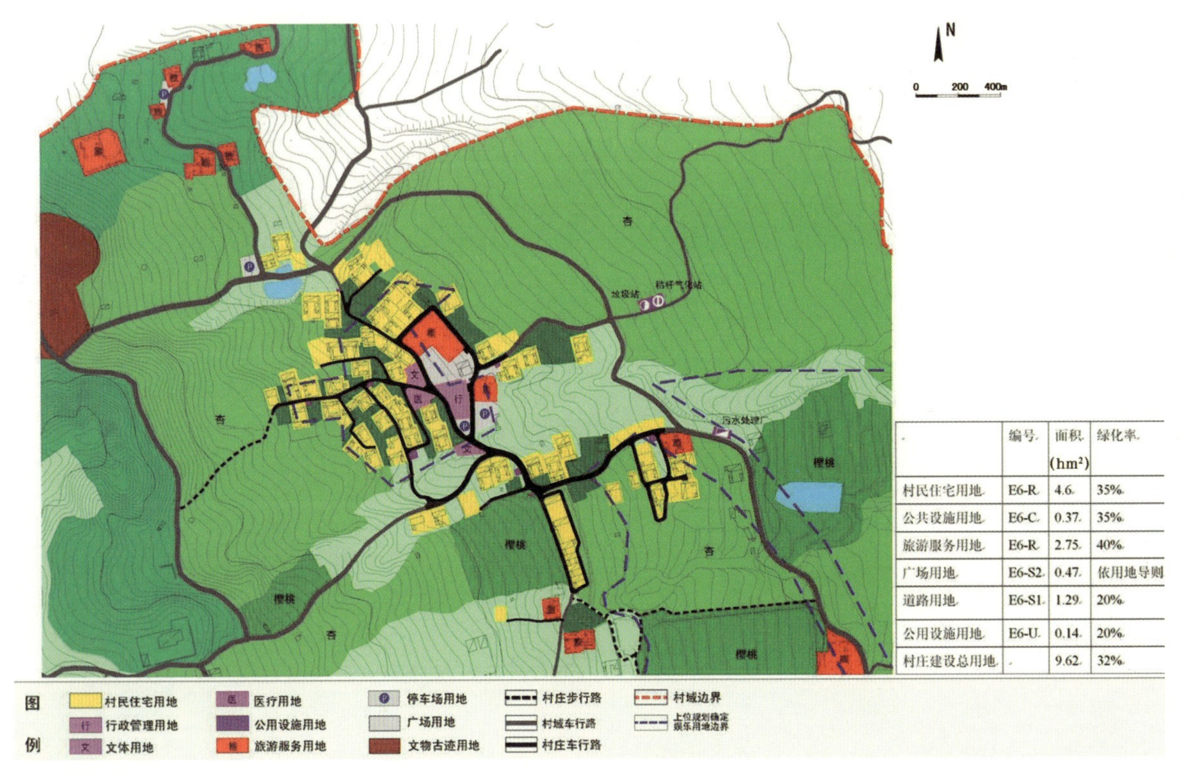

	编号	面积 (hm²)	绿化率
村民住宅用地	E6-R	4.6	35%
公共设施用地	E6-C	0.37	35%
旅游服务用地	E6-R	2.75	40%
广场用地	E6-S2	0.47	依用地导则
道路用地	E6-S1	1.29	20%
公用设施用地	E6-U	0.14	20%
村庄建设总用地		9.62	32%

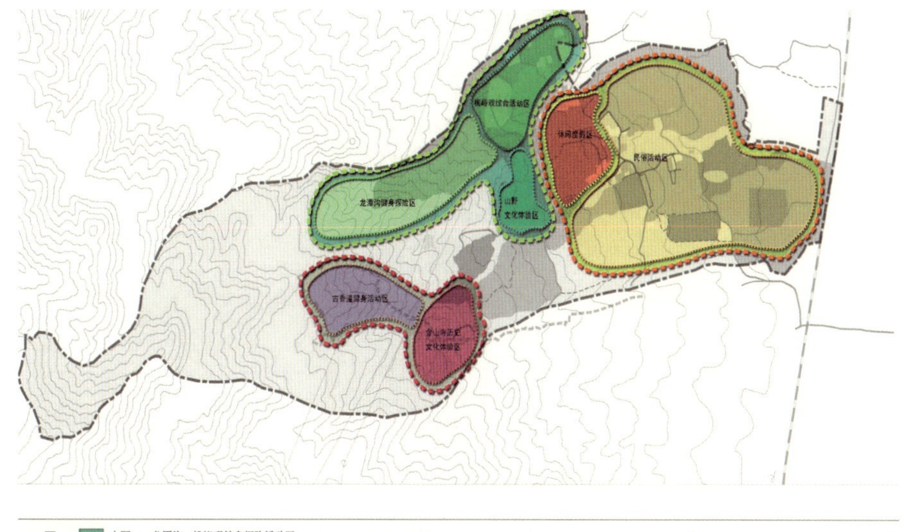

图例
主题一：龙潭沟、桃峪观健身探险活动区
主题二：金山寺、朝阳庵文化综合体验区
主题三：综合休闲度假区

图 7-14　旅游结构规划图

图 7-15　景观节点设计引导图

规划从防洪安全、村庄空间整合等角度综合权衡，在充分尊重村民意见的基础上，提出了详细的搬迁安置方案，并为规划管理部门编制了建设管理档案。

编制了详细的近期建设项目库，并做了简单的投资测算。

2. 丰县大沙河镇陈庄村

(1) 现状概况及特征

陈庄村位于徐州市丰县大沙河镇西南，与安徽接壤，是丰县大沙河生态旅游观光带的重要节点。村庄地势平缓，西南有黄河故堤所形成的带状台地，三

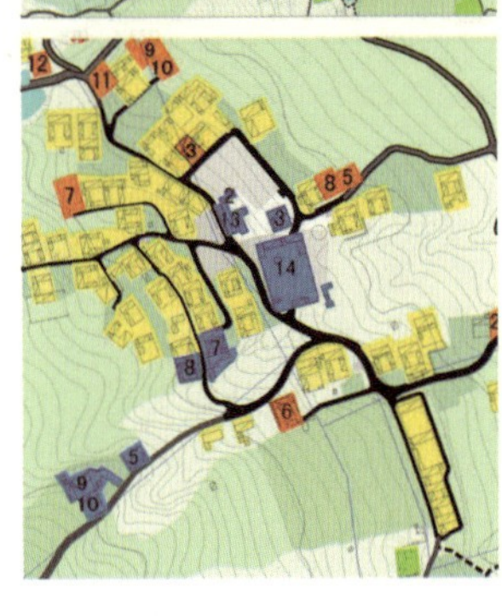

14	户主姓名	村委会	建筑面积	400m²
	房屋产权	集体	居住人口	
	用地面积	2537.2m²	层数	1
2	户主姓名	齐永卿	建筑面积	130m²
	房屋产权	私有	居住人口	1
	用地面积	200m²	层数	1
3	户主姓名	赵德刚	建筑面积	128m²
	房屋产权	私有	居住人口	3
	用地面积	286.5m²	层数	1
13	户主姓名	知青宿舍	建筑面积	
	房屋产权	集体	居住人口	
	用地面积	512.3m²	层数	

图 7–16　分户建筑控制图

面临水，具有较好的生态环境。现状居住人口 921 人，村内多为一层独院式平房，并有少量公共设施，包括小学、小型商店等。村庄主导产业为果树种植，95% 的耕地为果林。果树品种繁多，生态环境优美，特别是果树开花和果品成熟季节。村庄西侧黄河故道内水体清澈，水产丰富，遍布荷花，具有较高的观赏价值。

（2）规划思路

① 遵循上位规划，充分利用自身资源和周边客源，打造旅游精品

根据上位规划的要求，充分利用林果业资源，精心策划旅游项目和旅游线路，重点做好“水、林”的文章，将规划村庄的旅游发展纳入大沙河风光带中，形成富有特色的乡村旅游节点，进行乡村旅游开发。

② 结合村庄发展需求，引导村庄更新与格局调整

根据发展乡村旅游业和提高村民生活水平需要，完善配套设施，整治居住环境，形成村庄与周边景观资源的紧密联系，结合新建房屋需求，引导村庄中心向滨水地带转移，形成富有特色的公共活动区域。

③ 挖掘地方文化内涵，规划富有特色的建筑空间

充分挖掘村庄所在地域文化内涵，寻找反映地方文化的物质空间特征，指导新村建设，形成富有地域特色的建筑空间。

④ 整治旧村环境，改善居住环境品质

旧村重点进行整治，尽量保存现有质量较好的住宅建筑，质量较差的根据住户需求进行整修或翻建，拆除破旧建筑，完善基础设施，调整街巷系统，整理绿色开敞空间，提升村民生活品质。

（3）规划布局特点

① 总体空间布局

规划将村庄分为旧村和新村两个部分。

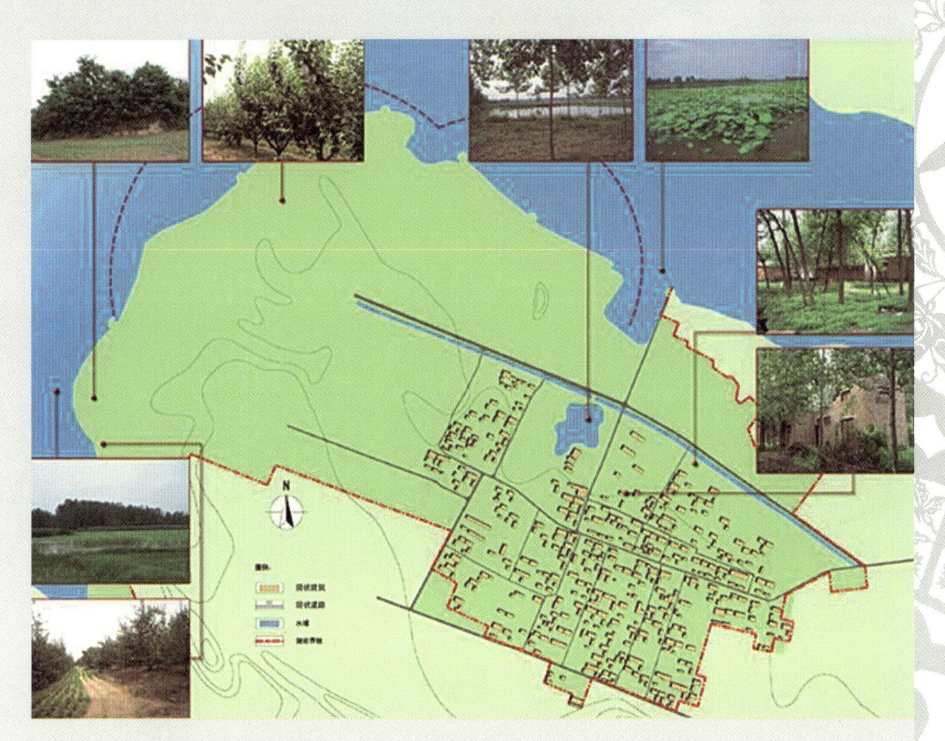

图 7–17　现状图

旧村主要以环境整治为主，通过对绿色开敞空间的整理，基础设施的完善，提高村庄居住环境品质。

新村依托黄河故道、黄河故堤、果林等资源，以开发生态旅游为目标，适量建设旅游服务设施。按照游客量测算和重要景点安排，新村内共设置四处旅游服务设施。

位于新旧村结合部的村庄公共服务中心将新旧两个部分有机地融合为一个整体。公共服务中心南侧安排新建自住民居，北侧建设具有家庭旅馆功能的民居，结合广场、街道、现状水面的建设整治，构成整个村庄的主要公共活动空间。

② 村落空间形态设计

住宅群组织：新村居住部分形成三个住宅组群，围绕村庄公共服务设施中心布置；旧村内部通过贯通绿色开敞空间分隔成若干住宅组群，新村住宅组群沿用旧村以村庄支路为脉络的组群构成方式，形成变化丰富的空间。

院落设置：规划延续东庄村居住建筑的院落空间围合手法，以独院式住宅为基本院落模式，通过不同建筑组合形成两面、三面围合院落或无围合院落等住宅院落形式，并通过住宅院落的大小变化和不同组合，结合生产辅房设置，形成多种形态的院落群。

滨水空间处理：陈庄村原来近水不临水，规划引导民居向滨水区域建设，并沿黄河故道滨水区域布置乡村旅游服务设施，利用岸线设置滨水步道、亲水平台，通过水上游览线路连接重要节点，形成内容丰富、形式多样的滨水活动空间。

村口：规划在村庄东侧主要入口处设置果品交易市场，并利用树种差别营造村口特色形象，通过种植有别于村庄周边低矮果树林的高大乔木群，形成村庄标志性入口区域。

（4）旅游规划

充分利用黄河故道、故堤、果林、水体等旅游资源，以生态旅游为基础，结合村庄生活、生产方式设置旅游设施。主要包括：

图 7-18　旧村整治规划图

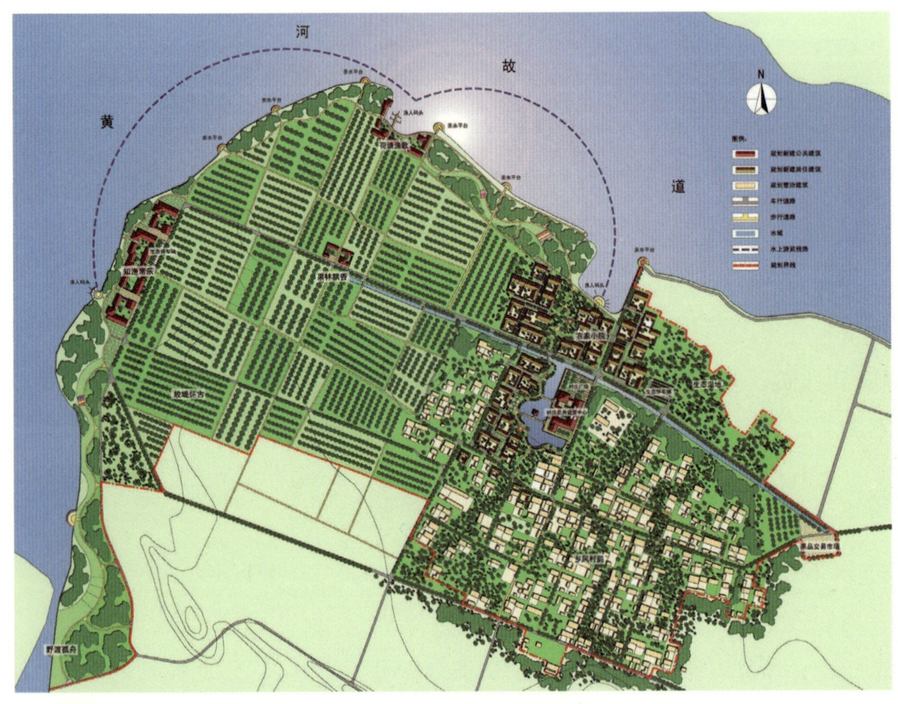

图 7-19　规划总平面图

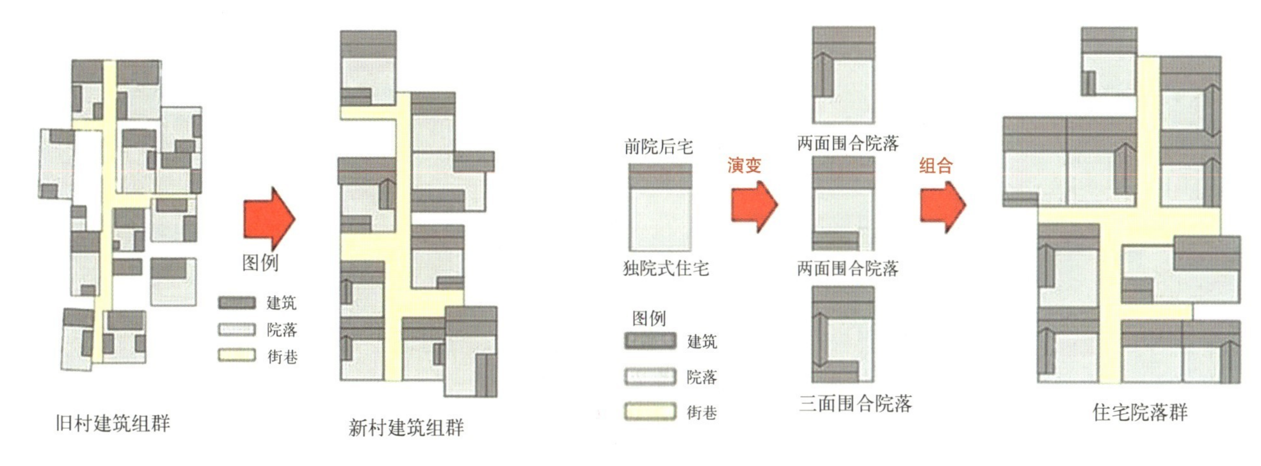

图 7-20　住宅组群分析图

图 7-21　院落演变示意图

图 7-22　滨水空间环境

图 7-23　村口示意图

乡村风韵：整治现有村庄，形成乡土风情浓郁、环境品质良好的具有旅游价值的村庄风貌。

果林飘香：选择现状部分果林区域重点打造，开展相关的农家生产体验活动。

农家小院：在延续现有农宅基本格局的前提下，适当进行必要的改造整治，引导新建农户建造具有家庭旅馆功能的农民住宅，为旅游者提供农村生活的场所。

荷塘渔歌：沿黄河故道设置垂钓、休闲、餐饮、观景等设施，为游客亲水、品农家菜、观荷花等提供服务。

旅游交通：村庄及景点附近设置停车场地，滨水地区设置码头、水岸等设施。

3. 苏州市阳澄湖镇莲花村

（1）现状概况及特征

莲花村位于苏州市相城区阳澄湖镇莲花岛上，包括北港、南港、东咀三个自然村。村内建筑主要为二层住宅，共 189 户，615 人。现状建筑质量较好，布局具有浓郁的江南水乡特色，但其间也夹杂一些老旧危房和违章搭建。村民对外交通工具主要依靠快艇，但缺少快艇公共码头。公共服务设施和基础设施配套不全，没有污水处理设施。为旅游配套的船餐馆布局零乱，影响整体环境。

（2）规划思路

规划将莲花村定位为具有江南水乡特色的旅游型村庄，大闸蟹养殖基地，

图 7-24
现状图

图 7-25
东咀居民点规划总平面图

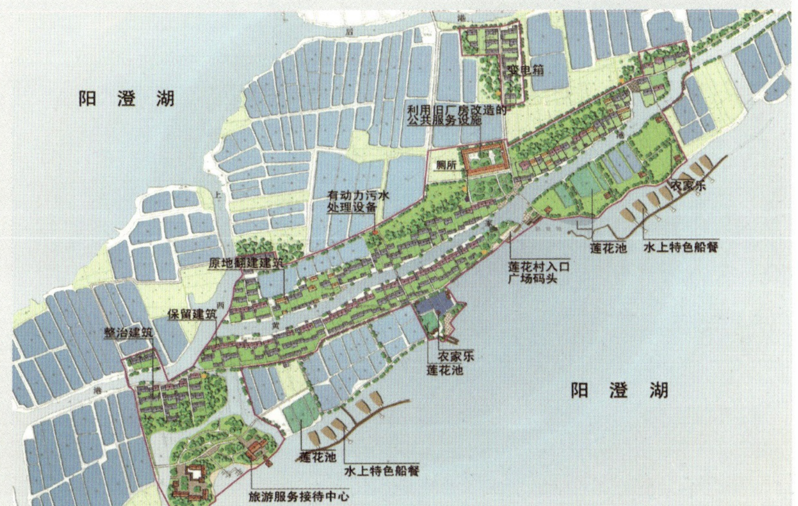

图 7-26
北港居民点规划总平面图

休闲度假的目的地。

① 延续村落自然形成的空间布局和建筑肌理，按照住宅建筑质量状况分保留、整治、翻建三种方式区别处理，重点对沿河、沿湖的建筑立面进行整治。

② 整合资源，利用原质量较好的工业厂房改造成为公共服务设施，为村庄基层组织与村民活动提供场所。

③ 清理闲置宅基地和私搭乱建；整治村庄环境，建设小型绿地和开敞空间。

④ 对村内河道清淤疏浚，整治驳岸，组织水上交通。

⑤ 疏通村庄内部道路，铺设村内主要路面。

⑥ 配套市政设施，重点配套污水处理设施。

⑦ 突出莲花村优势产业；安排一些小型的旅游服务配套设施，发展特色生态旅游。

（3）规划特点

① 街巷：保持莲花村“一街一河、街河平行、巷河垂直”的传统格局；延续传统街巷的幽深，保持原有道路的宽度，主要道路 3 ~ 4m，宅间小路 1 ~ 2.5m；平整闲置场地，增加小型开敞空间。

路面铺装采用江南水乡的传统形式，选用青砖、石板、碎石、鹅卵石等铺成丰富图案。由于村庄在湖内孤岛上，主要对外交通工具为快艇，为解决村民的停船问题，在整治河道的同时就近在每户门前设置一处码头。

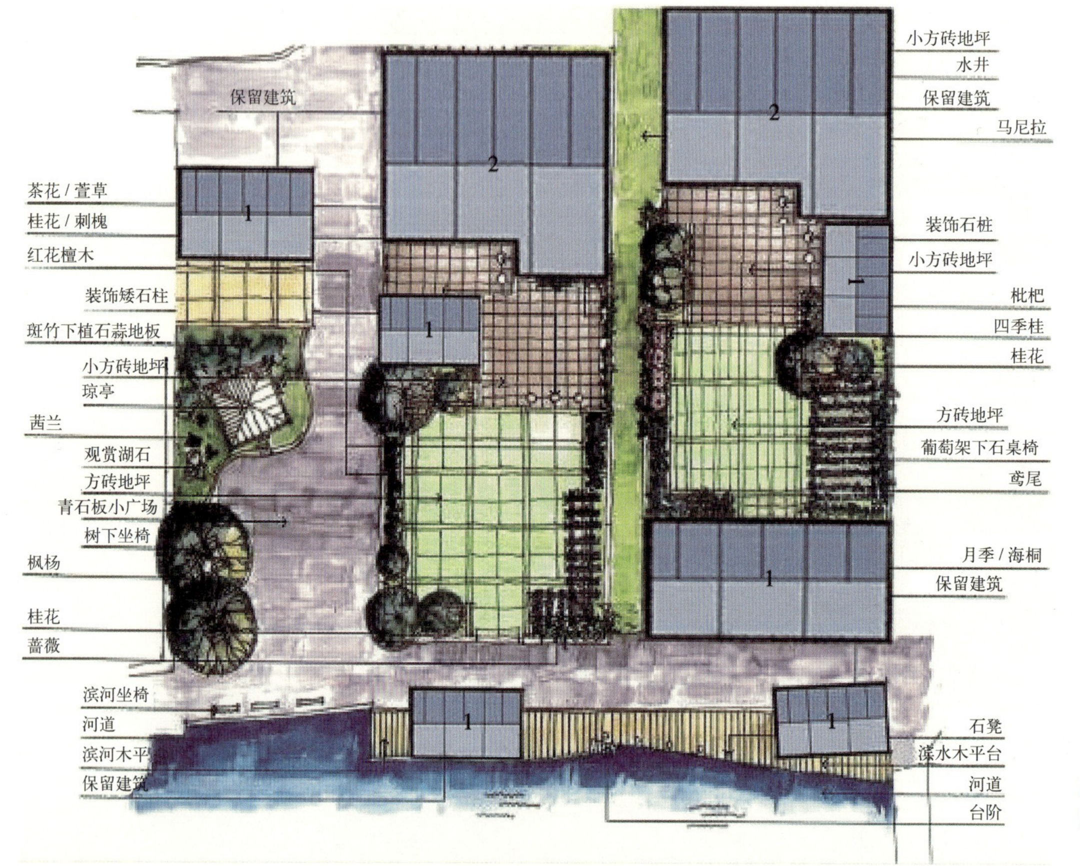

图 7–27
院落整治示意图

② 院落：根据生活需要和生产特点，利用家前屋后空地形成各具特色的院落；院落基本分为两种形式，一种是由南侧辅房与北侧主房围合形成私密性主院落，另一种是由主房与河道间形成的半私密共享院落。

③水系：利用现有水系，增加水边绿化，进行清淤以保持河道清洁和通航需要，对靠近村庄的河道采用直立护岸，建设水埠码头，其他地段采用自然半自然护岸，沿河岸布置休闲步道，精心营造空间景观。

④ 绿化：以地方特色树种为主，如广玉兰、柳树、香樟等，强化水系两侧的绿化景观。同时注重以庭院绿化和山墙绿化来丰富村庄的绿化景观，庭院绿化由村民自行栽种，公共绿化和山墙绿化由村集体统一栽种。利用部分池塘种植莲花以呼应莲花村的村名特色。

⑤ 村口：莲花村中部的入口是村民和旅游人群进入村庄的主入口。依托简朴宜人的小型绿化广场和极具水乡特色的公共码头，形成村民集聚活动和游客集散的公共开敞空间。

（4）旅游服务项目及设施

旅游服务项目：渔家生活体验、大闸蟹养殖体验、水上捕鱼与垂钓；品尝鲜美的大闸蟹，游玩独特的湖中岛村风情等活动。

图 7-28　村庄入口示意图

旅游服务设施：以村集体经营为主，包括：农家乐、旅游服务接待中心、游船码头、水上船餐馆等。

4. 宜兴市西渚镇谈家冲村

（1）现状概况及特征

谈家冲村位于宜兴市西渚镇镇区南部、横山水库北侧约1000m，是横山水库风景区内惟一保留的自然村庄。现状村庄范围约3.9hm^2，村民60户。

村庄生态环境优美，千年冬青树位于村庄中部，五处河塘散布周边；竹木环绕，果树遍布，特色农业，品种繁多。

村庄建筑质量总体较好，建筑风格比较统一，以粉墙黛瓦的江南特色建筑为主。现状已经有农家乐的雏形，并以横山水库特色菜为主打提供餐饮服务。

（2）现状存在的问题

村庄路况较差，现状道路以石子路或泥土路为主，雨天通行不便，没有机动车停车位。缺少公共服务设施和市政设施配套，没有集中的垃圾收集点和公共厕所，生活污水随意排放。村庄内的生态环境资源没有得到有序的组织和有效的保护，开敞空间混乱。

（3）规划思路

谈家冲村规划定位为具有地方特色的休闲旅游型村庄。延续村庄原有肌理和村民生产生活方式，体现村庄特色。维持传统空间尺度，整治建筑和环境，形成景观优美、特色鲜明的滨水村落。

图7-29　谈家冲村现状图

图 7-30
规划总平面图

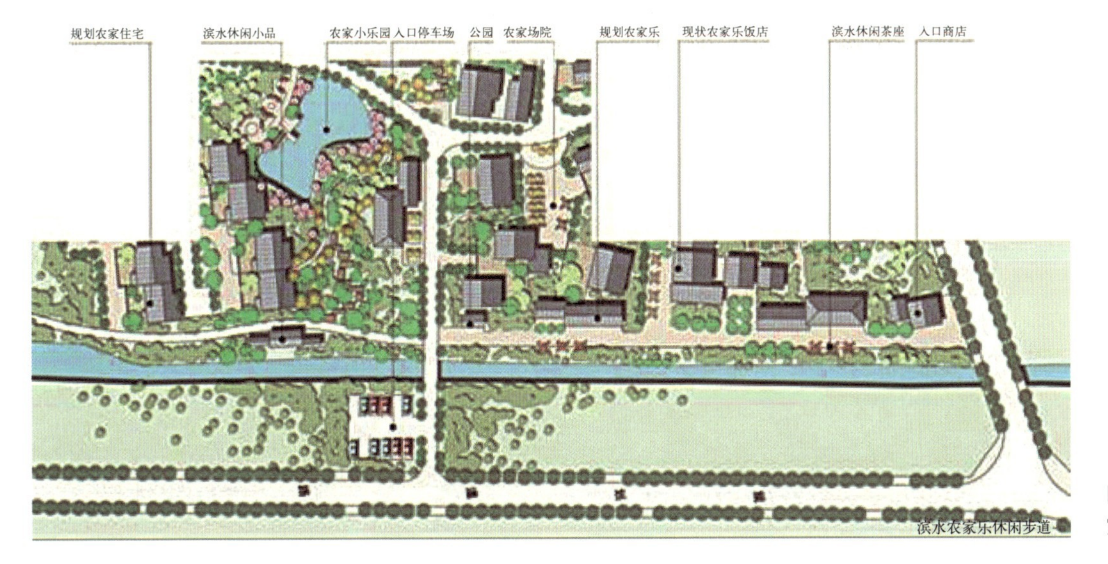

图 7-31　滨水农家乐休闲步道

着重梳理村庄内的三类空间：公共开放空间、半私密场院空间、特色果园空间。以千年冬青和东南侧池塘为中心，围绕两个主要出入口形成公共空间，也是整个村庄的核心空间；保留原有的半私密场院作为邻里之间的公共交流空间；利用宅前屋后种植当地特色果树，加强村庄的乡土气息、生态景观，提升村庄和家家户户的旅游吸引力。

（4）规划特点

① 住宅：新规划住宅风格与村庄整体相协调；保留住宅对其正常维护，适当修饰外立面（一般是刷白），内部根据需要进行设施配套；拆除违章搭建、危棚简房，破损严重的住宅就地翻建。

② 道路：规划村庄干路（红线宽 5m）呈半环状，沟通整个村庄，支路（红线宽 4m）联系各组群，以保证机动车通行的需要；村民出入口和游览出入口适当分离，村口设停车场供旅游车辆停放；结合步行游览线路，整治街巷空间和场院交流空间。

③ 配套设施：规划设置了商业设施、文化娱乐室和老年活动室，同时结合开敞空间设置 2 处健身点和文化宣传廊，丰富农村社区生活。在视觉景观和自然环境最好的东侧，开辟沿河休闲商业步行道，经营特色商品、餐饮，为游客提供服务。

④ 绿化：重点整治 2 处开敞空间，即千年冬青中心广场、滨水休闲步道入口，另开辟 7 处场院公共空间；保持村庄内的生态景观和特色农业，使农家乐休闲活动成为整治开发的亮点之一；处理好场院空间的半私密性和围合感，创造方便居民交流的空间。植物品种沿用地方特色树种，如：香樟、槐树、榉树、朴树、桂花等。

三、水网地区村庄

（一）总体要求

1. 维护水体的原生态性

河道水系多是天然或多年形成的，是稳定生态系统的重要组成部分。维护水体的原生态性，是村庄建设中体现人与自然和谐的重要方面。水网地区的村庄，规划中应尽可能不填河塘，少开挖大面积水面，少做人工驳岸，保持生态环境良好的水体状态。

2. 营造滨水景观的多样性

城市中滨水空间大部分是“水—绿—路—房”的格局，这是强调滨水空间开放共享的一种有效的建设模式，因为城市人口密度大、水体资源相对太少，仅有的一些滨水空间应当让全体市民共享。与城市不同，水网地区村庄无论是村内还是村外，水体随处可见，因此适合以多种不同的滨水空间组合营造多样化的滨水景观。滨水空间可以是公共的，也可以是私人的；滨水绿化可以有一定宽度，也可以道路直接临水；建筑可以离水，也可以直接临水，甚至可以建在水面。

规划中可选择合适的区域，将生产、生活或旅游等活动与水体相结合，用水、赏水、亲水、戏水，提升村庄滨水空间活力。

3．满足水网村庄特有的交通需求

水网地区由于水体阻隔，村庄的交通有其特殊性。应努力通过合理布局，在尽可能不改变原水体的前提下，尽量减少架桥投资，同时必须满足车行交通和人行交通的要求，重视利用水上交通，保证村民方便、快捷的出行，是水网地区村庄的特殊要求。

4．保持水体的清洁

水网地区的村庄，更应该注重村庄排水与环卫设施的配置，选择合适的污水处理方式，合理布局环卫设施，特别要保证滨水地带环境卫生，保持水体清洁。

（二）案例

1．金坛市西港镇沙湖村

（1）现状概况及特征

沙湖村位于金坛市西港镇北部，距镇 2.6km，村庄现有 330 人，150 户，规划接纳周边散户至总人口 830 人，332 户，总建设用地面积 10.6hm^2。建筑质量较差，缺少环境卫生设施和公共活动设施，传统的水乡特色正在迅速消失。

（2）规划思路

延续特色：沙湖村是典型的江南水网地区村庄，规划恢复水系活力，延续水网村落的环境特色，保持村庄发展的生命力。

适度集聚：协调老村整治与新村发展，引导农民向新村集聚，整体提高沙湖村环境质量与村民生活水平。

量力而行、逐步改善：立足于整治建设的经济现实可能，按村庄发展中需求项目的重要性进行分类，建立菜单式、可选择的实施方案，以求在不同的初始投入条件下，都能保证规划实施逐步推进。

（3）规划特点

① 村庄布局：利用现状两个自然村之间的空地规划新建区，将新建区、旧村庄整合为一个完整的村落形态。位于村庄中心位置、新旧村结合部设置村公共活动中心。旧村为近期环境整治区，其他散布在周边的农宅，不在原地翻修重建，新的建设需求鼓励到新建区安排。

②道路交通：沙湖村道路规划分为主次两级，主要道路路幅 5.5m，次要

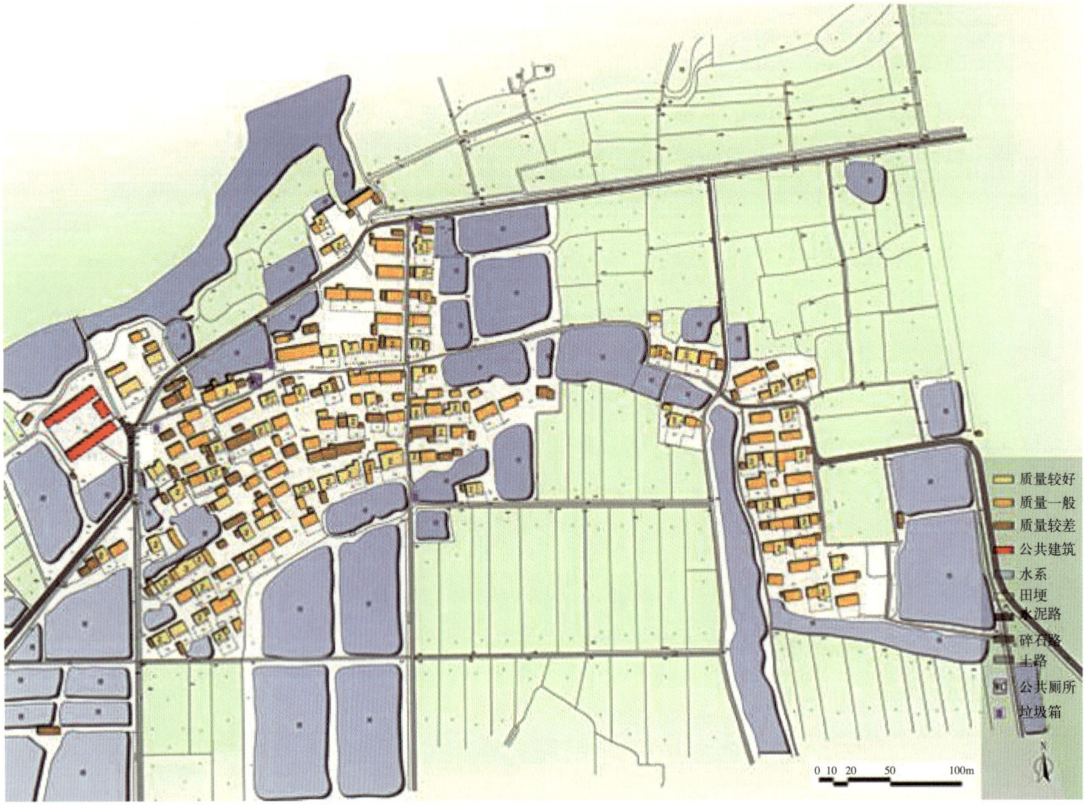

质量较好
质量一般
质量较差
公共建筑
水系
田埂
水泥路
碎石路
土路
公共厕所
垃圾箱
0 10 20 50 100m

图 7-32　现状图

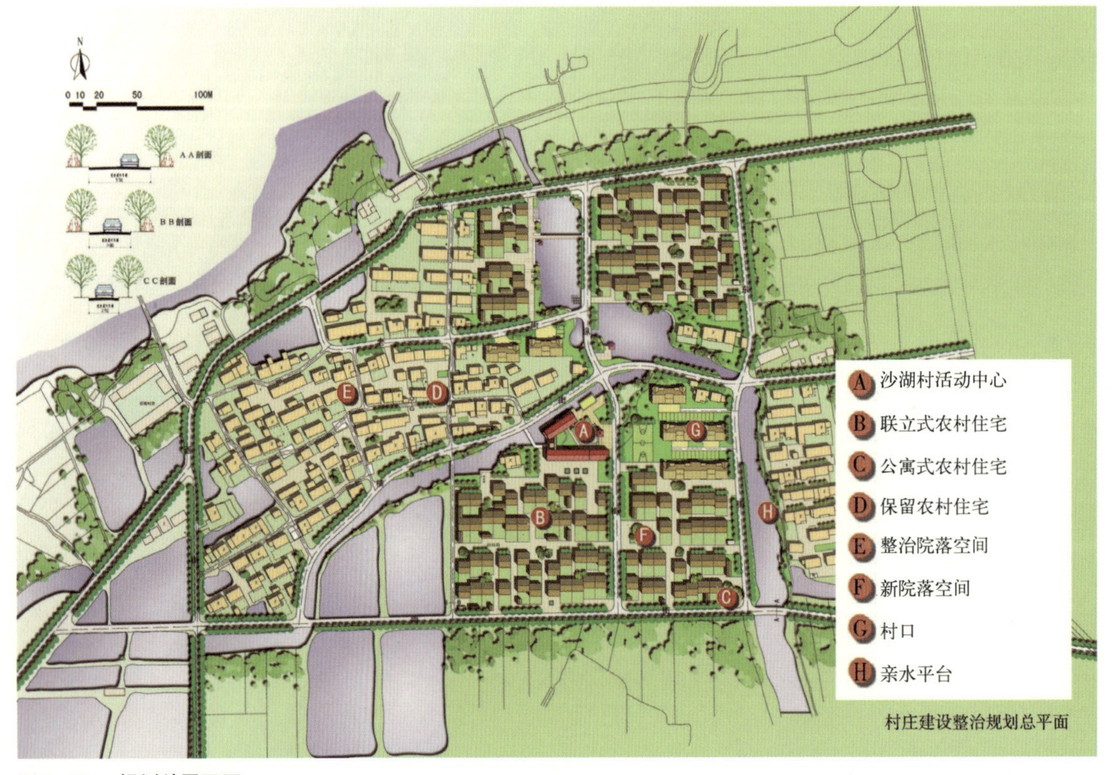

图 7-33　规划总平面图

图 7-34　整体鸟瞰图

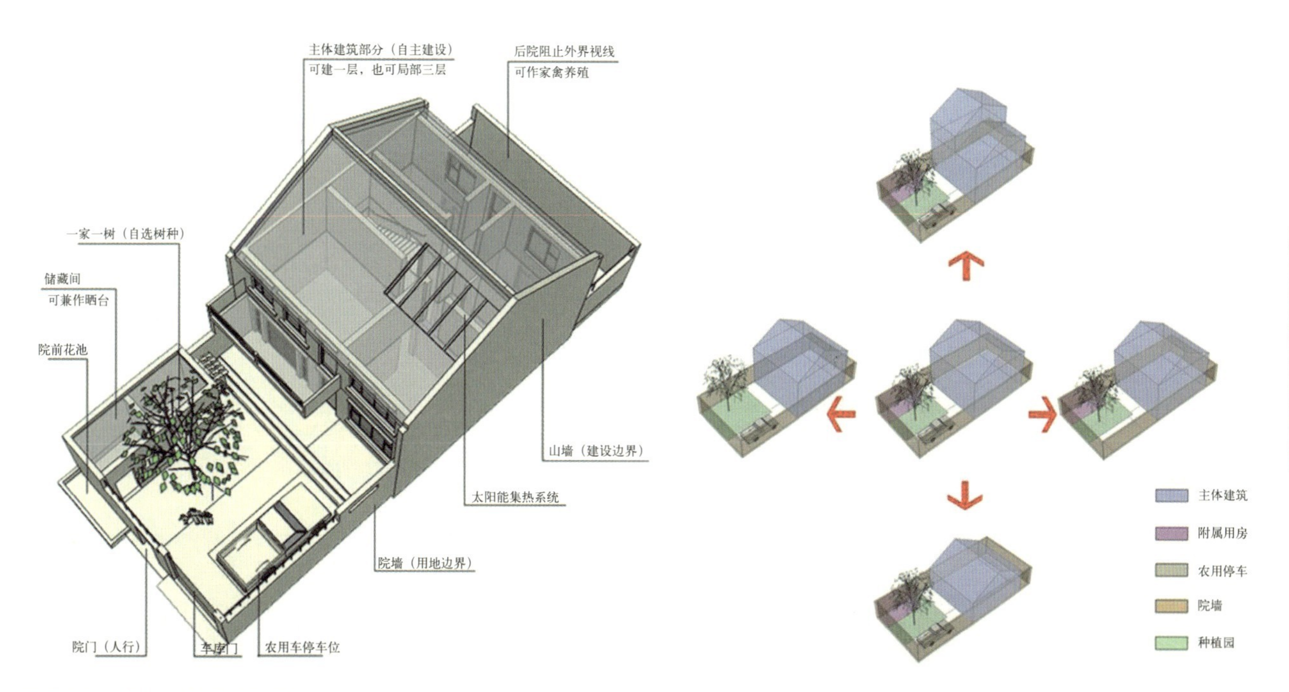

图 7-35　建筑单元空间示意图

道路 2.5 ～ 3.5m，能够满足机动车通行的基本要求。按农民住宅相邻关系，组合成不同的住宅组团，建设街巷网络，确保每个住宅组团均可行车通达；新建住宅每户 1 个停车位。

③ 环境整理：整合相对宽敞的开放空间，提供村民户外休闲交流活动场所；恢复村南部的小塘河水系，与村庄道路系统结合，形成村庄公共活动的主体空间，恢复原有的江南水网地带村落的特色风貌与生活氛围。旧村建筑按保留、整治与拆除三种类型处置。

④ 建筑群落组织：以现状农民住宅功能结构为基础，形成宅、院、辅的灵活空间单元，以空间变化丰富的街巷为基础，构成新建村民住宅群落。街巷连接节点处形成广场，提供村民户外公共活动场所，形成变化丰富有序的村庄空间环境。

2. 兴化市大垛镇管阮村

（1）现状概况及特征

兴化市大垛镇管阮村地处里下河地区，自然环境良好，是典型的苏北水网地区农业大村。

管阮村现状建设用地面积约 14.9hm^2，地势平坦，水网密布。高兴东公路从村南通过，西南部已建有少量厂房，北端有省级文保单位“板桥墓园”。

村民住宅多为老三间格局，新建住宅多为二层独立式住宅，但基础设施不配套，给村民生活带来诸多不便。

（2）规划措施

利用村庄主体现有基础设施向南拓展，现状村东、村西跨河的三个小组团建筑质量差，市政设施配套困难，利用农民翻建新建时机，适时迁至村庄南部形成新村，节约投资。保留保护水系，加强河道两侧绿化，形成适当宽度的绿化带，建筑、巷道的整治，尽量保持原有风貌，建筑风格与“板桥墓园”的明清古民居相协调，并加密宅边、路边绿化。拆除废弃的民房、猪舍，有条件的地块安排周边散户建住宅，边角地块插建休闲绿地。

在村口处设置公共服务中心，周边安排休闲绿地，共同形成村庄入口。

按照“工业向镇以上工业区集中”的要求，村庄内现有工业企业拆迁后，原用地复垦，规划纳入生态农业示范区。

（3）规划特点

通过调整空间布局，塑造特色景观，节约利用土地，配套完善相应设施，形成“一街、三组团、三节点”的村庄空间布局结构。

一街：沿南北主路在桥头至板桥墓园段通过对现有建筑的改造，形成商业、服务街道。

三组团：维持现有自然水系，将原有六个隔河组团调整为三个，以利配

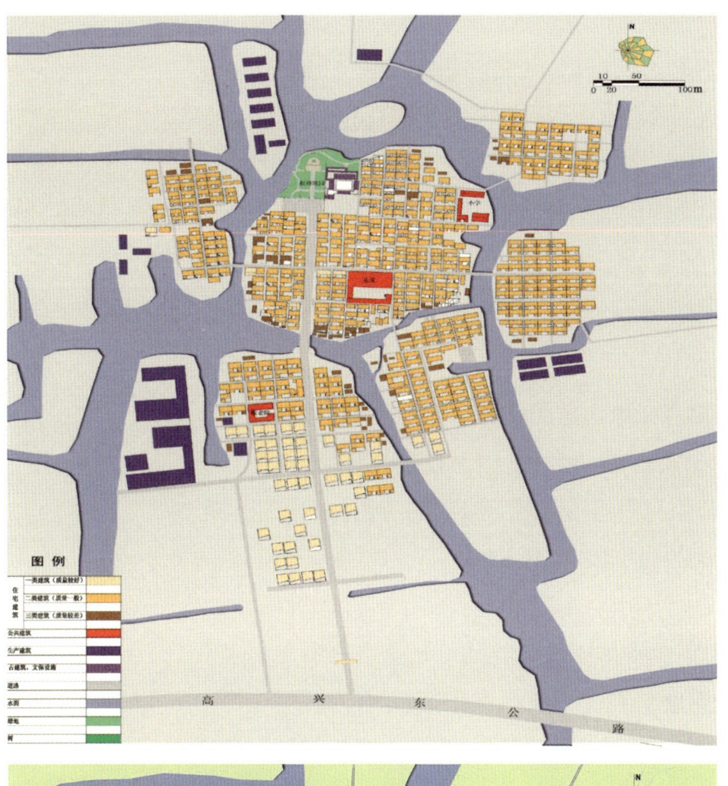

图 7-36　现状图

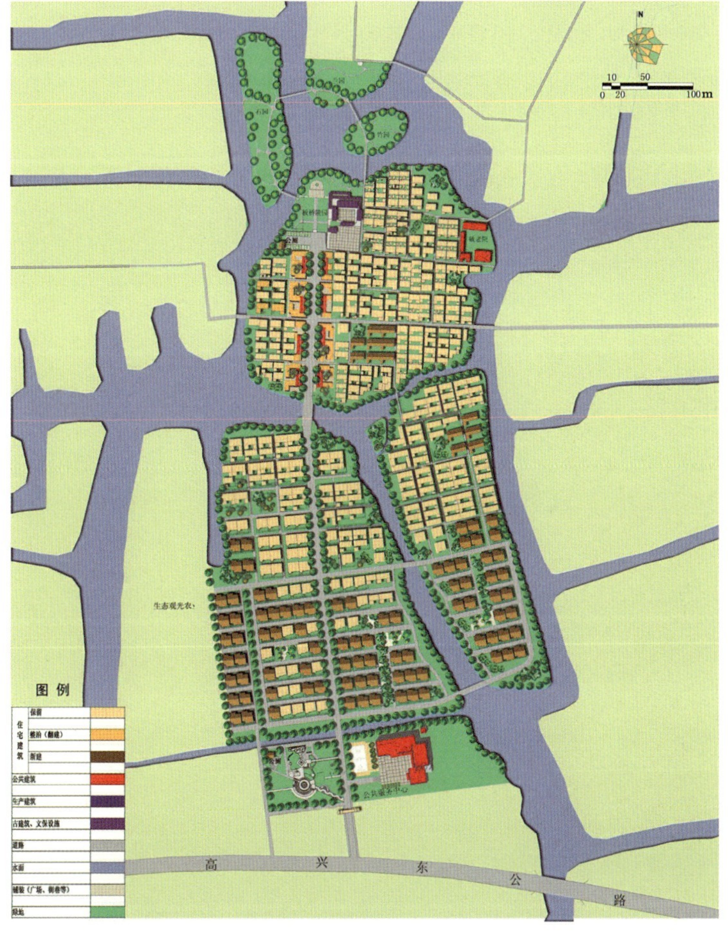

图 7-37　规划图

套建设基础设施，方便村民生活。

三节点：以南北向主路为主线，依托现有自然环境和水系，创造特色景观点。由南向北依次为村庄入口景观点、桥头绿地景观点和板桥墓园景观点。

3. 东台市溱东镇草舍村

(1) 现状概况及特征

草舍村位于溱东镇北部，村庄水网密布，东侧为二级公路弶溱路，西侧为三级航道泰东河，交通条件便利。规划用地范围 18.9hm^2，约 330 户。

(2) 规划思路

以村庄环境整治为主，延续原有文脉，提升环境品质，保持水乡特色。

当地村民习惯以主屋和辅屋形成“L”形布局，以此为基础围合宅院。规划延续“L”形布局肌理，以此作为村内巷道和院落空间的特色。发挥水网密布的优势，运用多种手法加强不同的村庄滨水空间效果。

(3) 规划特点

着重构思村庄滨水空间利用形式的多样化，包括水与道路的组合：滨水道路、临水步道等；水与绿化的组合：滨水绿带、滨水游园、滨水防护林等；水与建筑的组合：滨水建筑、临水场院等；水与生产需求的组合：临水安排从事农业生产为主的农户，以适应当地农业生产和农产品运输以水运为主的生产方式；滨水空间使用特点的组合：有滨水家庭院落、滨水公共休闲活动空间等。

通过水与村庄的各种空间要素的多种组合方式，创造丰富多变的滨水空间景观，形成优美自然、乡土生态的村庄特色。

图 7–38　现状图

图 7-39　规划图

四、平原地区村庄

（一）总体要求

1. 充分注重现状特点，避免千村一面

平原地区村庄地形地貌相对简单，因此更需要关注和利用现有特点，保持村庄的个性。相关的自然人文因素，如农田、地形的分割特征，道路、水系的走向，现有绿化（主要是指树林）的布局，传统的人文特点等，利用好这些特征差异，才能形成村庄的不同特色，避免千村一面。

2. 与现有村庄空间相适应，防止布局僵化

平原地区的村庄，规划的新村容易出现村民住宅棋盘式排排坐的布局僵化现象。这其中有建房中的绝对平均主义思想的影响，也有管理简单化的原因，更重要的是规划对村庄现状的分析不够细致深入。因此，规划应综合考虑现状分析、宣传引导和可行的管理措施。

3. 保持乡土风情，防止村庄城市化

平原地区的村庄，由于地形地貌限定因素不多，大多在平整的地块上做规划，加之规划技术人员中可能存在的思维惯性，很容易照搬城市居住小区的模式来规划村庄，动辄出现村庄外环路、道路过宽、绿化面积过大、硬质场地过多等现象。因此，规划应注重研究乡村文化、乡土特点和村民生产生活方式，保持村庄的乡土风情。

4. 引导村庄适度集聚，倡导节约耕地

平原地区的村庄建设很容易在现有村庄的基础上无边界地向外蔓延，外围大量占用农田，村内部却出现空心化现象。因此村庄规划应注重合理配套公共设施、市政基础设施，吸引村民集中居住，适度提高村庄的紧凑度。

（二）案例

1. 邳州市港上镇北谢村

（1）现状概况及特征

港上镇是全国三大银杏产区之一，迄今已有2000多年的银杏种植历史，享有天下银杏第一镇的美誉。2004年4月，以港上为核心景区，经国家林业部批准为国家级银杏博览园，是全国唯一的单树种国家级森林公园。北谢村紧临港上镇，是银杏博览园的一部分。村域耕地面积2670亩（1亩≈666.7m^2），全部种植银杏树。现状村庄具有以下特点：

① 村庄规模较大，现有3个自然村基本连片，总人口5800人。

② 村庄四周被成片银杏林包围，村庄内部绿化率高，有百年以上古银杏2060棵——“出门无所见，满目白果园”。

③ 村庄主次道路较好，自来水普及率亦达100%。

④ 公共服务设施配套不全，文化、医疗、商业服务等设施和公共活动场地缺乏。

⑤ 环境卫生面貌较差。环卫设施、污水处理设施缺乏，无序搭建、杂物随意堆放现象严重。

⑥ 房屋建筑质量不高，村民建房需求量大。

（2）规划思路

① 维持村庄现有的自然形态，在不影响现有银杏树的前提下，梳理村内可建设空间，适度穿插新建村民住宅。

② 完善公共服务设施配套，梳理村庄内部道路网络，在村庄中部形成连续的街道空间。

③ 加强市政、环卫设施配套，整治村内环境。

④ 结合古树名木的保护，建设村庄内部公共活动空间。

⑤ 结合港上镇域银杏旅游的思路，充分发挥现有古银杏、沂河的景观资

图 7-40　现状图

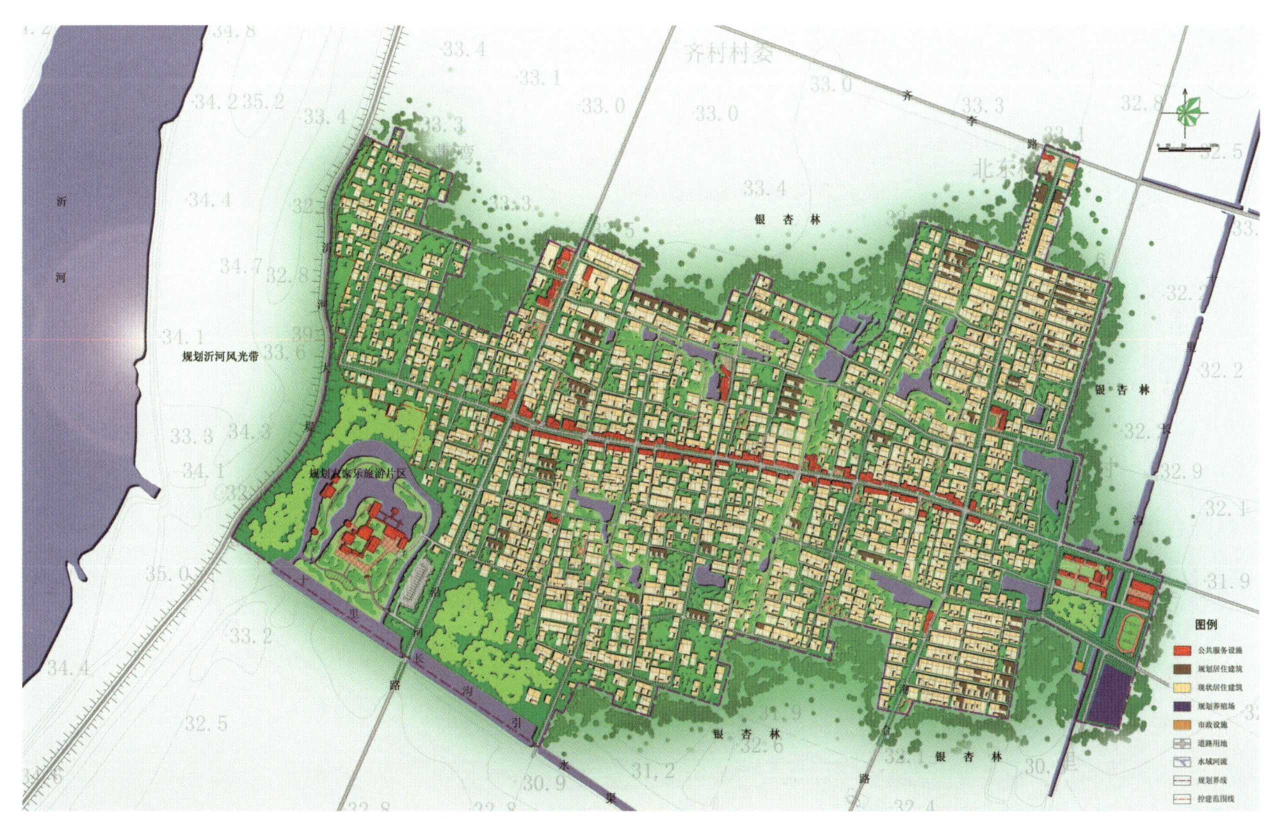

图 7-41　规划总平面

源优势，综合村庄南侧的银杏姊妹园与村庄北部的观音树等外围景观资源，连接成一条以观赏银杏为主的农家乐综合旅游线路。以现状曹湾村南侧规划农家乐地块为基地，形成旅游节点空间。

2. 四川省大邑县高坝村

（1）现状概况及特征

村庄位于成都市大邑县西北部，规划总用地面积约 $5hm^2$，建设用地面积 $1.9hm^2$，规划总户数 100 户。现状地形平整，村内仅有一条 2.5m 宽村道，交通条件较差。

（2）规划思路

① 形成沿水而居的“北斗七星”村落布局构想

由于本块用地不规则的独特形状，规划按照天体星象的形态进行规划布局，意在营造良好的特色空间环境。

② 吸纳原有居住模式特点，形成现代“新林盘”构想

原有林盘居住模式是当地农村一个鲜明的特点，但是林盘太小，不利于基础设施配套，对土地资源也浪费较大。通过探讨川西“新林盘”的构想，吸取原有模式特色，整个社区由几个较大的林盘构成，除了一条贯通全村的曲折街道外，林盘之间安排农田、经济作物区和林地，整体形成北斗七星的布局模式。

（3）规划布局

① 总体布局以水系为主干，以多个小组团形成沿水而居的特色居住生活空间。

②“一轴一带七节点”的规划骨架

一轴：由贯通全村的北斗七星形街道构成村落主轴线。

一带：滨河景观休闲生态带。

七节点：从村落入口广场开始，沿北斗七星布局分布于全村的 7 个空间节点。

（4）道路设计

为了减小对村庄干扰，规划利用村庄内部的村级道路作为机动道路，各个林盘内部禁止车辆通行。公共停车场则位于各个林盘入口附近，减小干扰。

（5）产业规划

原高坝社区主要以林业、红梅、菌类植物和农业为主，新的村落建成后主要以生态农业观光和原有产业共同发展。

（6）住宅设计

住宅户型设计分为五种，内部功能分区明确、设施齐全。住宅立面设计融入了川西传统建筑符号和色彩，尽量采用当地乡土材料。住宅结构设计考虑当地特色和经济等因素，以砖混结构为主，木结构为辅。

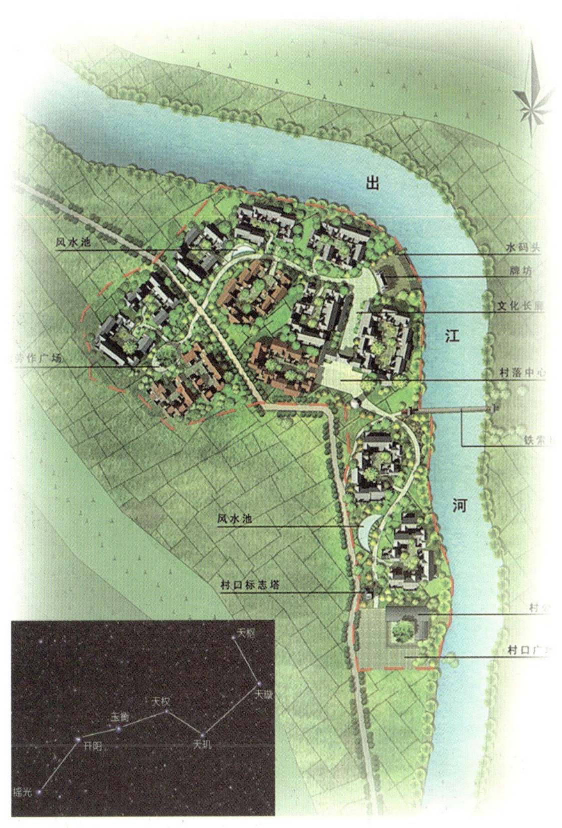

图 7-42　规划构思图

图 7-44　现代“新林盘”

图 7-43　原有川西林盘格局

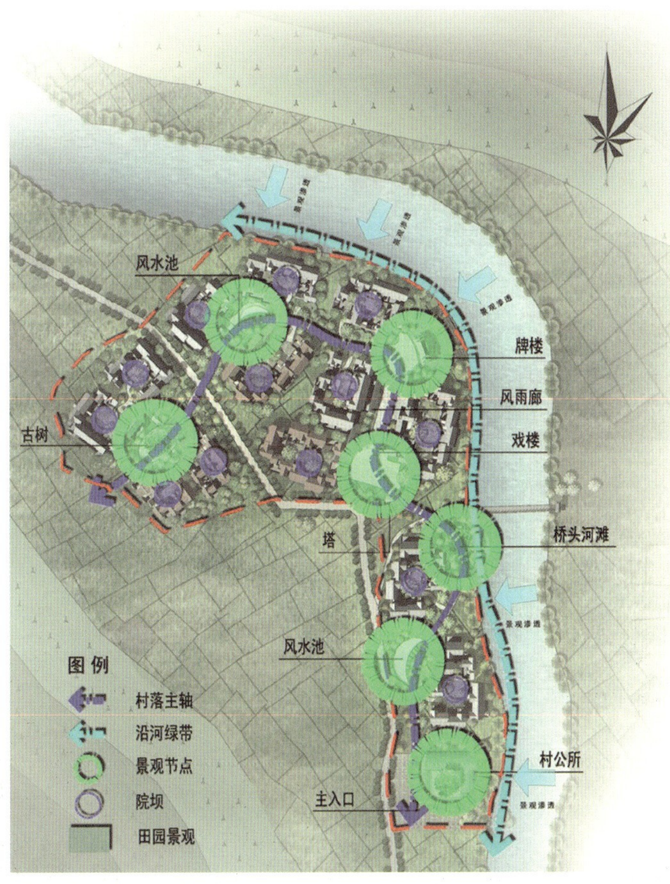

图 7-45　规划结构图

3. 四川绵竹市广济镇卧云村五组

(1) 现状概况及特征

本次村庄规划任务是地震灾后就近异地重建，基地现有村道、水渠和水塔一座，地形基本平坦，西北侧逐渐略高。

（2）人口与规模

规划户数 54 户，合计 201 人，村庄规划用地范围约为 3.98hm^2。

（3）规划思路

① 强调自然空间在村庄中的渗透；

② 家庭生活的独门独院与外部环绕的开放空间的并存；

③ 集中布局，集约利用土地资源、充分利用公共资源。

（4）规划结构

规划村庄结合当地的常年主导风向，依托东西向村道（三支渠路）和三支渠，形成“一轴两片，一心双环” 的结构。村庄形态具有可生长性。

一轴两片：以村道、支渠为轴，整个村庄被自然分割成为南北的两个片区。

一心双环：一个共享设施中心，集中了公建、水塔和交往场所，实现村民公共需求的满足；两条通路环绕，分割和串联外圈的居民区。

（5）住宅设计

住宅布局和设计上承载当地传统农村的生活习惯和环境。建筑选用白墙灰瓦，并采用当地石材构筑部分外墙，从色彩和质感方面都形成与粉墙的对比协调效果。

图 7–46　社区主入口透视图

图 7–47　文化广场透视图

图 7–48　“林盘”间透视图

图 7–49　规划总平面图

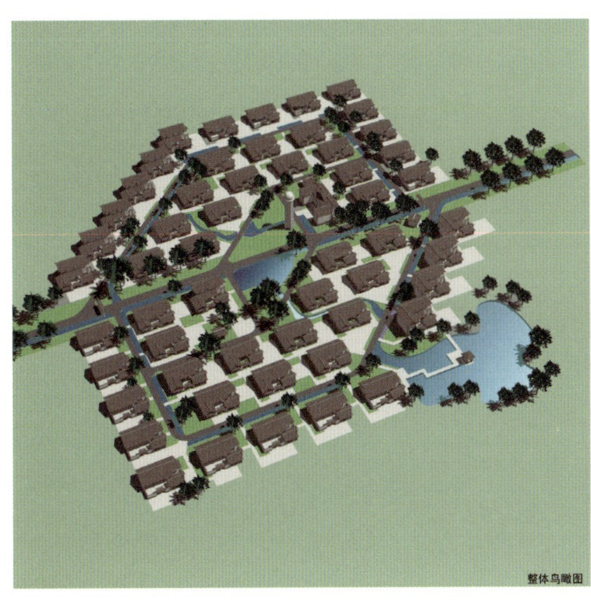

图 7-50　规划效果图

图 7-51　村民住宅效果图

五、坡地村庄

1. 福建省长汀县德联村

（1）村庄概况及特征

福建省长汀县德联村地属丘陵地带，全村地势北高南低，汀江横穿整个村庄。北部为新村，建筑质量较好，靠近山体，地势较陡，形成部分台地；南部为老村，地势较平缓，建筑布局密集，多为空旧房，内部道路狭窄。

全村居住人口 2608 人，村民对住房条件和村庄环境改善愿望迫切。

（2）规划框架

在现状调查基础上，规划对村庄的发展条件以及村民意愿进行分析。规划内容主要包括村庄建设发展规划、村庄近期整治规划等方面。村庄建设发展规划包括指导思想、发展规模、用地布局、用地结构、住宅规划、公共设施规划、绿化与景观环境规划和道路系统及竖向规划等内容。村庄近期整治规划包括整治任务、整治内容和具体规划建设项目列表。

（3）规划内容

① 规划重点

村中心区建设：主要对现有道路进行整治，疏通端头路。整治中心绿地，安排村民休闲娱乐场所，对现有的空心房和危旧房进行拆旧建新。

德田小区建设：分为两部分，一期为旧村改造，二期三期为新村建设。

红德新村沿街立面整治：采取多种方法，整治改造已有农居，使新老建筑之间和谐统一，形成有当地特色和自然环境融合的村庄轮廓和建筑风貌。

② 用地布局

规划结构：一个中心，三组团。以环形路网的交点为中心，将村庄规划为一中心、三组团的结构。

人口规模：至 2020 年总人口达到 2703 人。

用地规模：规划总用地 $140hm^2$，其中建设用地为 $34.45hm^2$，人均建设用地 $127.5m^2$。

公建用地：围绕中心绿地布置公建，增加设施。

居住用地：保留村庄内既有的居民用地，以自然村为单位，对居住区进行整治，并采用“统一规划，统一建设，统一管理”的模式。

图 7-52　村庄现状图及照片

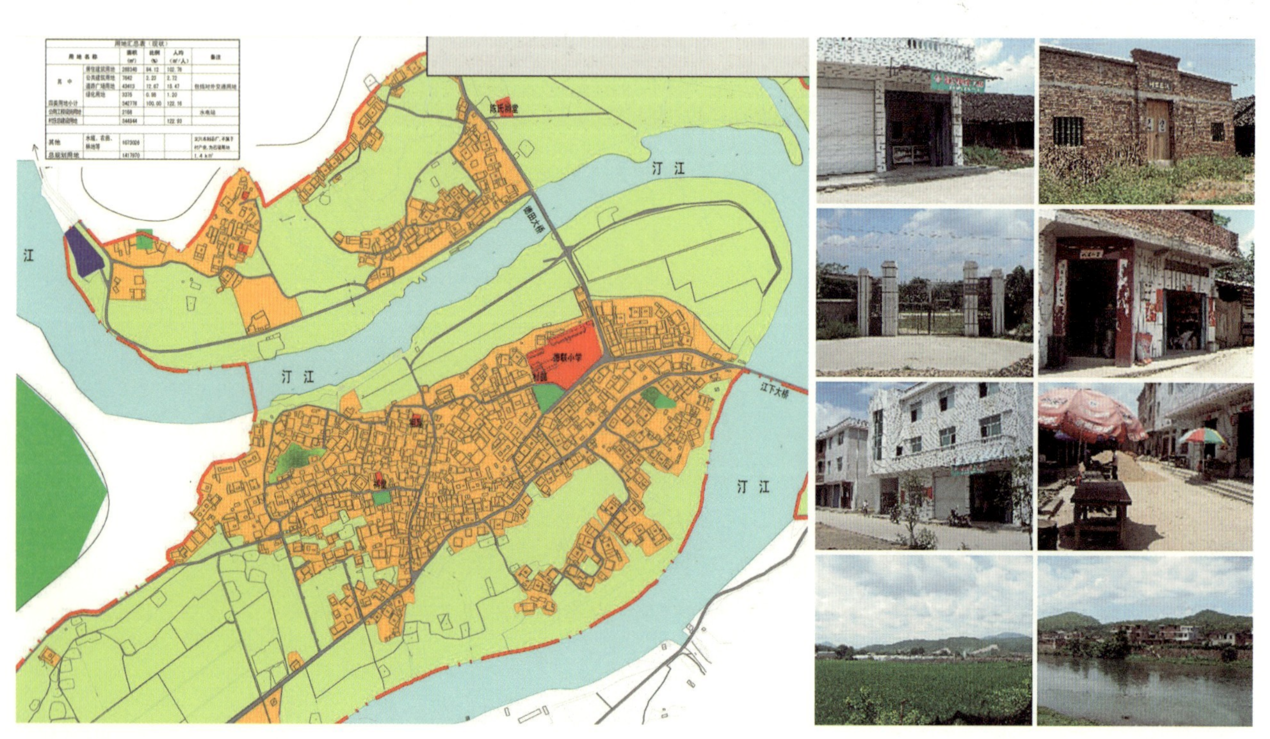

图 7-53　村域总体布局图

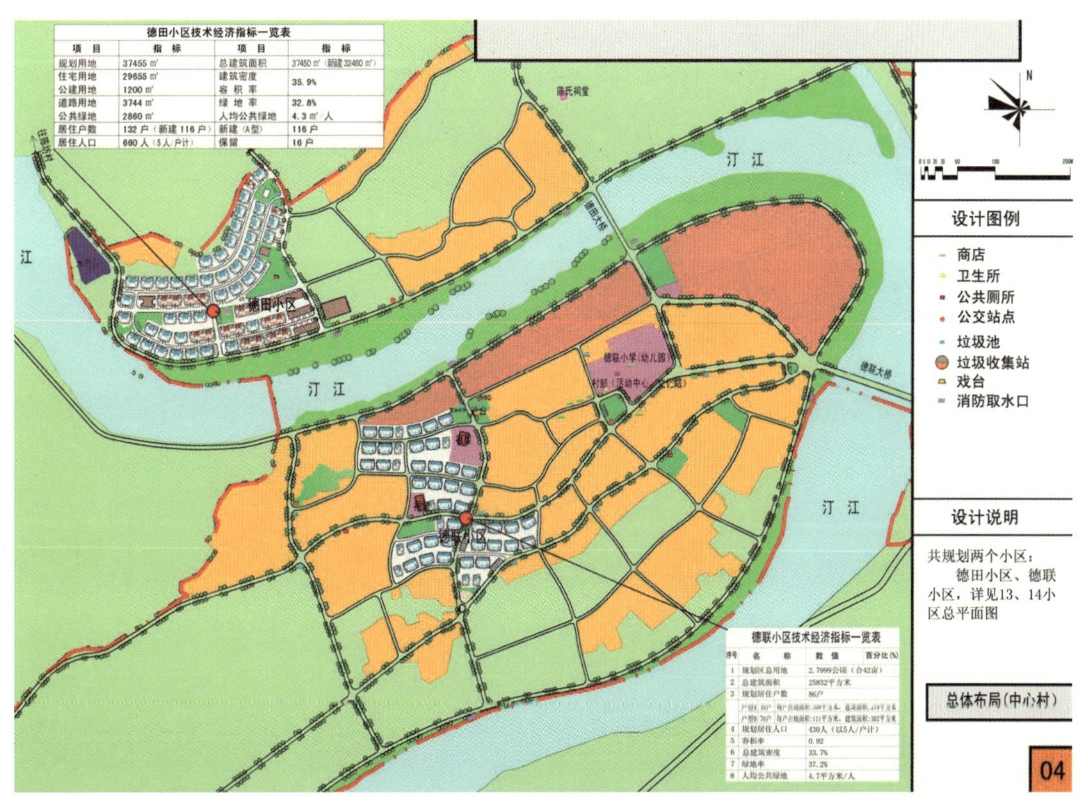

德田小区技术经济指标一览表

项　目	指　标	项　目	指　标
规划用地	37455 m²	总建筑面积	37450 m²（新建 32460 m²）
住宅用地	29655 m²	建筑密度	35.9%
公建用地	1200 m²	容 积 率	
道路用地	3744 m²	绿 地 率	32.8%
公共绿地	2860 m²	人均公共绿地	4.3 m²/人
居住户数	132 户（新建 116 户）	新建（A型）	116 户
居住人口	660 人（5人/户计）	保留	16 户

德联小区技术经济指标一览表

序号	名　称	数　值	百分比(%)
1	规划区总用地	2.7999公顷（合42亩）	
2	总建筑面积	25832平方米	
3	规划居住户数	86户	
	户型A 10户	每户占地面积:160平方米，建筑面积:418平方米	
	户型B 76户	每户占地面积:111平方米，建筑面积:302平方米	
4	规划居住人口	430人（以5人/户计）	
5	容积率	0.92	
6	总建筑密度	33.7%	
7	绿地率	37.2%	
8	人均公共绿地	4.7平方米/人	

图 7-54　村庄总体布局图

图 7-55　新村扩建规划总平面

图 7-56　旧村插建规划总平面

③ 近期整治规划

规划明确了以下几项近期建设工程：一是开展村庄环境整治；二是做好防灾工程；三是改造村内道路；四是完善村内基础设施、公共设施；五是解决有建房需求的农民住房问题；六是建设配套项目发展村庄经济。

规划安排了近期整治项目，并从民主法制建设、经济发展、建设资金筹措和村庄建设管理等方面提出了发展政策建议。

2. 溧阳市天目湖镇桂林村

（1）现状概况及特征

桂林村由上桂林和下桂林两个自然村组成。位于天目湖镇中西部，距天目湖镇镇区约 2km，属天目湖风景旅游区地域。总人口 562 人，181 户，建设用地范围 10.56hm^2。

村庄整体坐落于坡地，上桂林村高差 7 ~ 8m，下桂林村高差 4 ~ 5m。道路为自由式布局，两村各有两个出入口。住宅建筑布局以点状为主、条状为辅，多数无院落，辅房布置较为杂乱。

桂林村以茶叶种植和加工闻名，现有集体茶园 1500 亩，出产的“桂茗”茶荣获江苏省十大名茶称号。这一特色资源为桂林村发展以茶为主题的农家乐旅游提供了优越条件。

（2）规划思路

传承肌理，村在山中，水在村中，屋在林中。

依托现状，有机拓展村庄空间，新增宅地延续现有特色穿插组合布置。

整治环境，因山就势，完善路网。

（3）规划特点

① 布局结构：在两个旧村之间规划新村，新旧结合，浑然一体，形成“一个中心、三个组团”的空间形态。

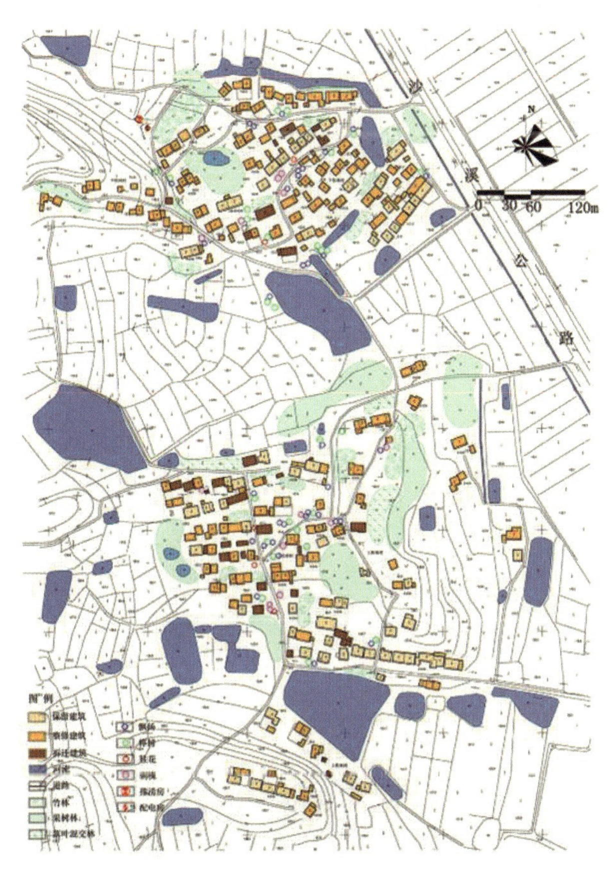

图 7-57　现状图

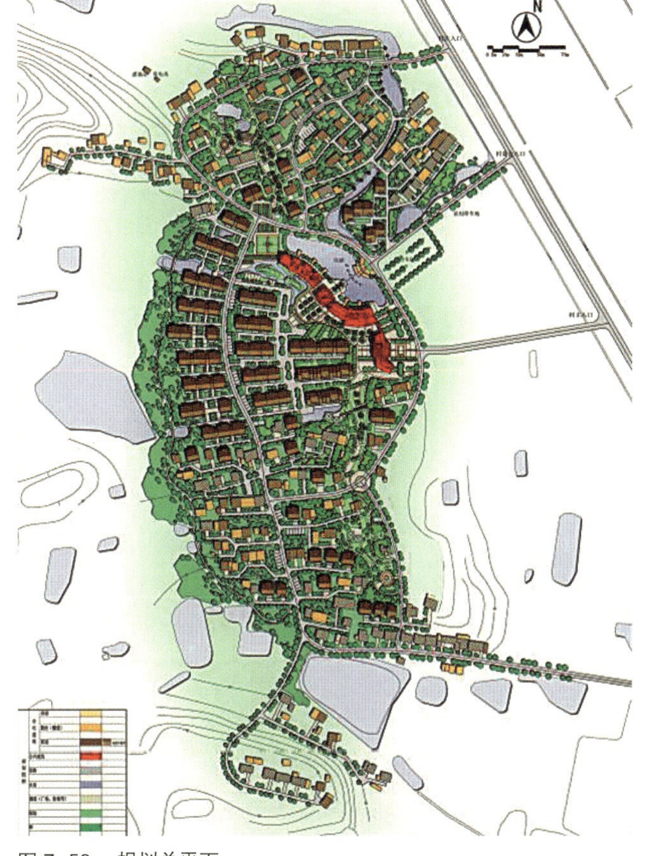

图 7-58　规划总平面

图 7-59　鸟瞰图

② 道路规划：整修为主，新建为辅。利用地形高差，以两条主次道路沿等高线连接三个组团，并将新村划分为三级台地。沿路侧设排水沟，导引降雨时上坡来水。

③ 院落空间：旧村利用宅间空地形成院落，新村规划加强院落空间组合，以家庭院落空间作为基本单元，自主绿化，发展副业，提供农家乐户外空间，加强乡村旅游环境氛围。

④ 环境：旧村污水近期保留分户式化粪池的处理方式，远期纳入新村的生态湿地处理系统；垃圾专人收集运送；新建公厕，消除旱厕；水塘清淤退渔；成片树林、名贵树木基本保留，适当增加桂树、樟树等常绿树种；按照天目湖风景区规划要求，强、弱电杆线规划全部入地。

3. 绵竹市金花镇三江村

(1) 现状概况及特征

规划居民点基地东北侧沿山，且山势较陡峭，西侧紧邻石亭江，东南侧

至石亭江的一条支流。

规划居民点为三江村四组和六组安置点，人口 462 人。现状村庄内有一条宽 5m，南北走向的道路将村庄分为东西两块，东侧地块相对西侧地块较高。村庄地势自西南向东北沿现状道路缓缓升高。

（2）规划思路

规划结合当地地形的特殊性，提出几种住宅组合模式，来适用于不同坡度和不同宽度的需求，同时也满足村民建房时根据实地情况灵活选择。

沿等高线水平布局：

模式一：单排式，适用于坡度不大、宽度在 20 ～ 30m 的地形；

模式二：双排式，适用于坡度在 10° 以内、宽度 30 ～ 50m 的地形；

模式三：院落式，适用于坡度在 6° 以内、宽度 50 ～ 100m 的地形；该模式塑造了院落空间，利于邻里情感的交流。

跨等高线布局：

模式四：台地式，适用于坡度在 6° ～ 10° 之间、宽度 50 ～ 100m 的地形。

模式五：综合式，上列四种模式的组合，适用于宽度大于 100m 的地形。

（3）规划布局

通过对现状地形的分析，结合川西地区的村落布局特色，本村庄主要运用模式五进行规划布局，通过道路、截洪沟和生态渗透将村庄分隔形成大小不等的 3 个组团，各组团相对独立，通过南北向道路串联。规划设置公共服务中心一处，为整个村域服务。

图 7-60　模式一

图 7-61　模式二

图 7-62　模式三

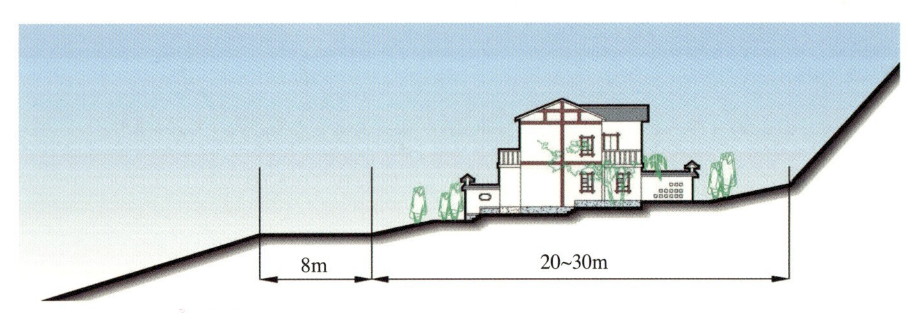

图 7-63　模式一剖面图

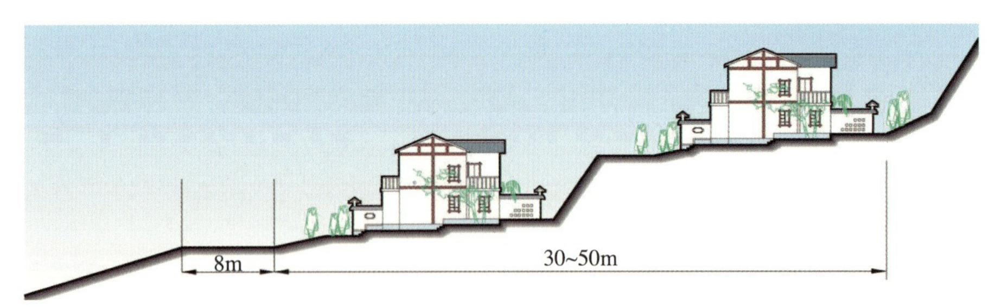

图 7-64　模式二剖面图

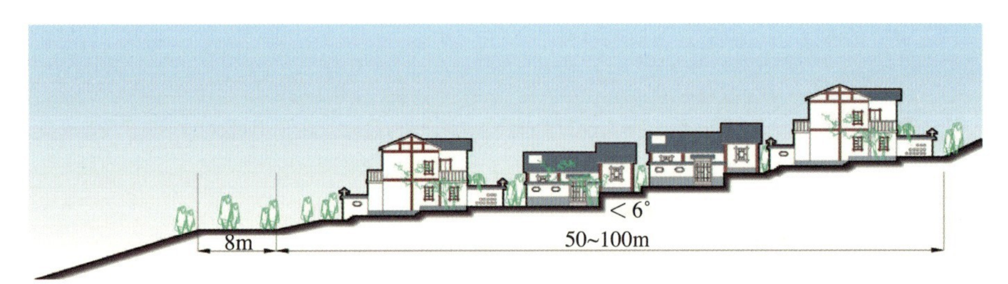

图 7-65　模式三剖面图

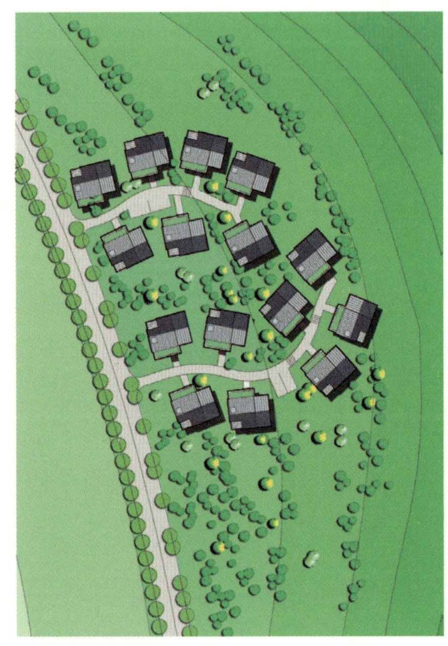

图 7-66　模式四

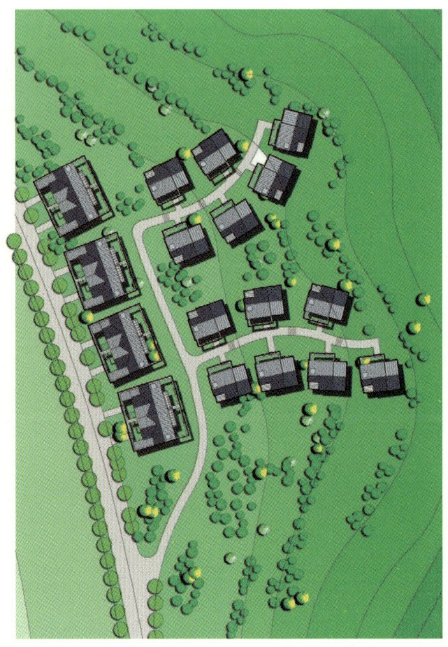

图 7-67　模式五

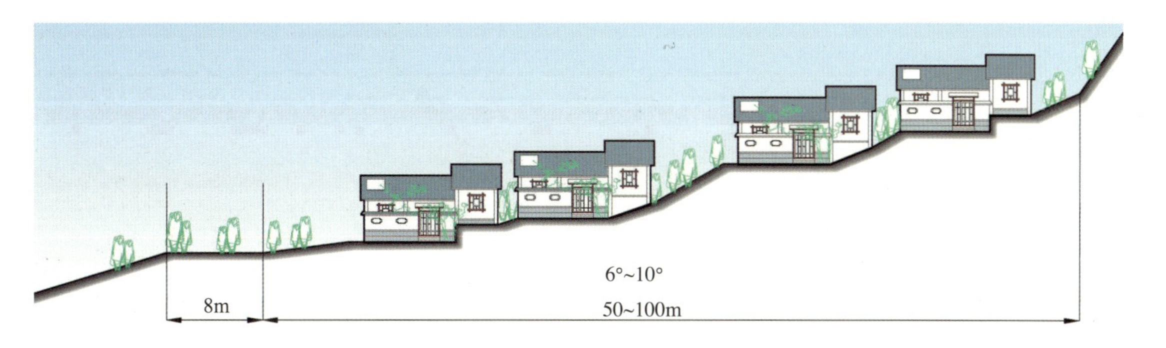

图 7-68　模式四剖面图

图 7-69　模式五剖面图

图 7-70　现状图

图 7-71　规划总平面图

图 7-72　鸟瞰图

六、古村

（一）总体要求

1. 规划原则

（1）真实性原则：应全面深入调查历史文化的形成及现状，分析研究其内涵、价值和特色，并根据其现状适当维护与修缮，做到“修旧如旧，延年益寿”，保持历史文化遗产的原真风貌，切忌“整旧如新，返老还童”。

（2）完整性原则：古村落的历史文化保护应包括物质与非物质遗产的保护，同时对历史文化遗产所依托的自然环境、山水格局、古树名木及建筑空间等载体进行整体保护。

（3）合理开发、永续利用的原则：应在有效保护历史文化遗产的前提下，协调保护措施与利用方式的关系，合理利用历史文化遗产的历史、科学和观赏价值，为促进经济发展和丰富文化生活服务，保证历史文化的可持续性。

2. 规划重点

（1）明确保护内容

统筹考虑物质和非物质两个方面的保护。规划保护的物质实体包括三个层次，第一层次为村庄的整体形态、空间格局，包括与村庄密切相关的周边自然环境；第二层次为村庄内部体现历史文化风貌的主要区域；第三层次为各个文保单位、历史建筑等单体历史遗存。规划保护的非物质遗存主要为村庄的特色风俗、传统技艺、地方戏曲、民间传说等，应努力将非物质遗存的保护附着到具体的物质空间，促进文化的延续，同时有利于保护和利用物质遗存。

(2) 明确保护措施

包括工程技术措施、传统工艺措施、文化措施、保护资金措施、管理措施等。

(3) 策划合理利用

应努力挖掘合理利用的渠道，如旅游、休闲、公共活动、日用等，找到合理利用的方式就能广泛调动社会参与的积极性，进行必要的投入，加强保护。

3. 规划中注意的问题

(1) 保护风貌环境

规划不但要做好遗存本体保护，还必须保护好遗存的整体环境风貌，包括地形地貌、古树等自然要素和相关的人文要素。

(2) 协调新老建筑

古村落也有新的建房需求。应从布局上尽量减少新建设活动对传统文化产生不利影响，新建房屋在风格上应与周边邻近的传统建筑协调。

(3) 协调道路系统

古村落街巷通常较为狭窄，规划应尽可能保持街巷原有路面及空间尺度，必要时应采用自备设施、侧旁背后施救等措施满足消防安全要求，避免对村落传统文化形态产生负面影响。

（二）案例

1. 山西阳泉市小河村

(1) 现状概况及特征

小河村隶属于山西省阳泉市郊区义井镇，历史文化底蕴深厚，是保存较好的古村落。地貌以山地为主，村落顺应山势而建，环境优美宜人，空间独具魅力。现状村庄居住人口约1800人。

(2) 规划思路

① 深入挖掘小河村的历史文化内涵，客观评价历史文化资源价值特色，科学确定保护目标和手段。

② 最大限度地保护古村落文化遗产，保护历史建筑、街巷、格局等基本要素，为研究者和参观者提供真实的历史信息。利用多种措施，保证古村落传统风貌不受到破坏。

③ 在有效保护历史文化遗产的基础上，积极改善古村落环境，发展古村落经济。

图 7–73
历史价值特色分析图

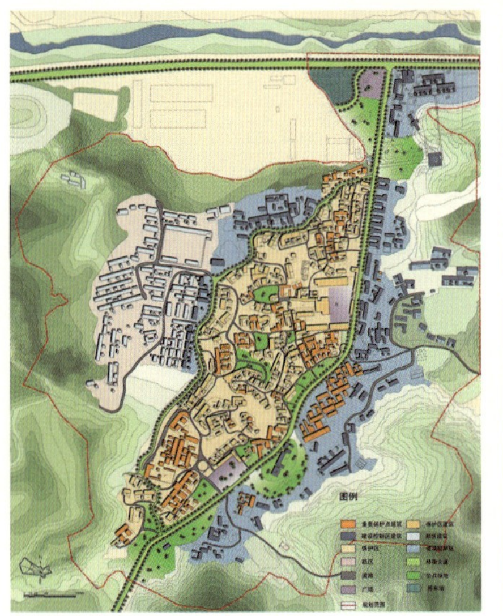

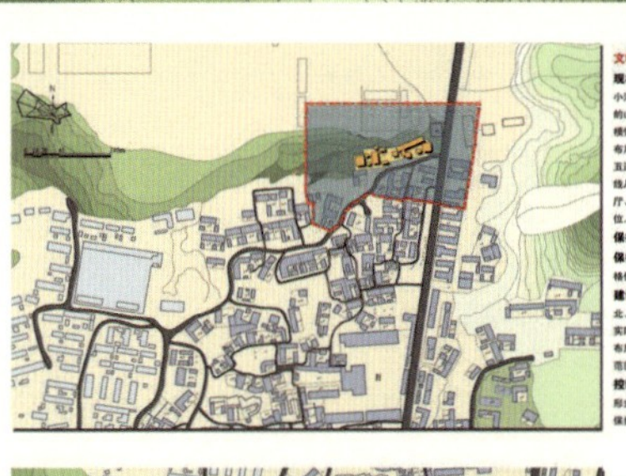

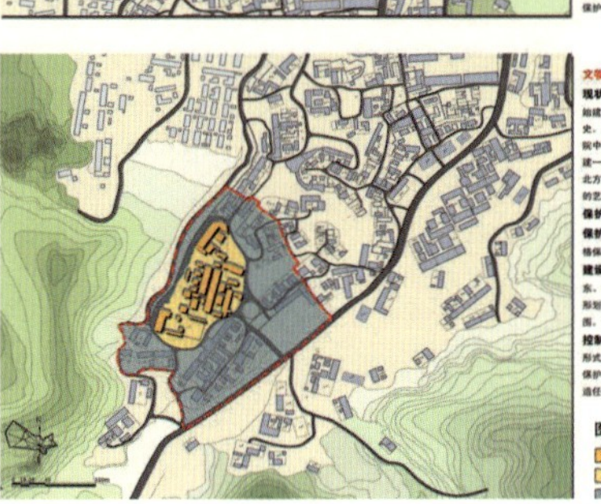

图 7–74（左）
规划总图

图 7–75（右）
文保单位保护范围和控制地带图

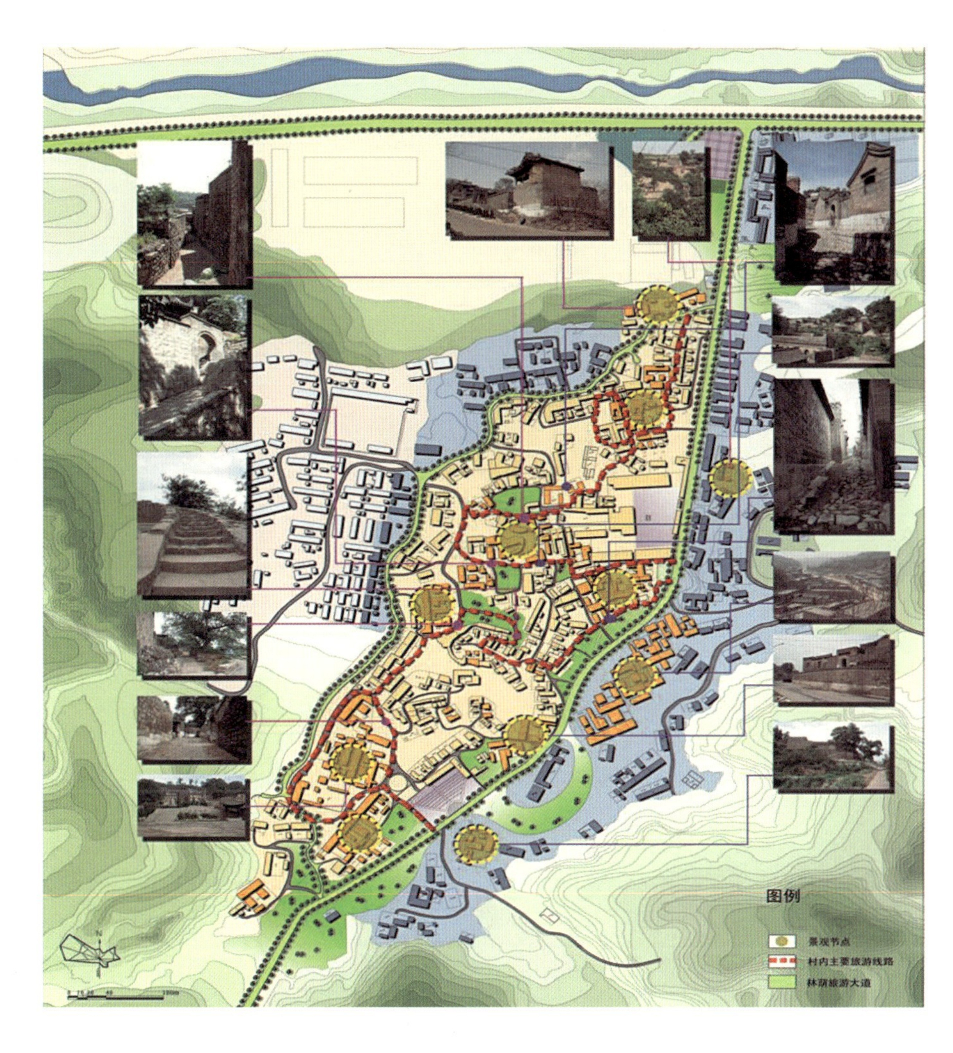

图 7-76 旅游发展规划图

（3）规划重点内容

① 明确保护框架，提出保护措施

根据分层次保护的原则，划定重要保护点、保护区、建设控制区、风貌协调区，并针对各自的范围和特点提出相应的保护措施。

② 建筑保护和整治模式

规划将建筑的保护和整治分为五类：文物类建筑、保护类建筑、改善类建筑、保留类建筑、拆除类建筑，根据建筑的历史价值、风貌和质量，采用不同的保护或整治模式。

③ 相关要素的保护

主要包括古树、古井、匾额、石碑、家谱和地契、古家具等。

④ 非物质文化遗产的保护

优良的民俗风情、优秀的传统表演、传统手工艺、乡土文化、传统街巷地名、丰富的饮食文化、土特产、名人轶事等。

⑤ 建筑高度控制和视廊保护

保护区内的建筑可以局部2层，但二层的建筑面积不得超过一层建筑面积的1/3。风貌协调区内的建筑不超过2层。

保护各条巷道的视廊；保护从关帝庙前欣赏关帝庙的视觉效果；保护从山对面欣赏石家大院的视觉效果；保护周围的山体绿化，保护村庄的田园风光。

⑥ 文物单位保护与控制范围规划

对两处文保单位关帝庙和石家大院分别明确保护范围、建设控制地带，提出保护和控制要求。

⑦ 旅游发展规划

小河村历史遗存丰富，可观赏性极强，可以整合为文化教育、艺术欣赏、历史研究、科学考察等多种功能为一体的旅游区。

在旅游规划中，将保护区作为旅游的重点发展区域，其中重要保护点的建筑将作为游览的重要景点，充分利用旧民居宅院、祠堂寺庙、商业建筑等，作为历史文化和民俗文化的展示空间和有地方特色的旅游接待场所。集中的旅游服务区设在小河村村口处，对保护区影响较小，有利于整个村落环境的保护。

(4) 规划特色

① 和新农村建设统筹考虑。正确处理保护和现代化建设之间的关系，把握全局，统一规划，突出重点，分期整治，将规划的科学性、前瞻性和实施的合理性、可操作性有机结合。

② 规划采用问卷调查、采访、座谈等方式广泛征求村民意见，保证了规划的针对性、可操作性。

③ 针对具体的环境和院落进行示范性整治，提出整治措施，并用直观的效果图予以表现，受到居民的认可，取得良好的社会效果。

2. 山西省太原市夏门村

(1) 现状概况

夏门村位于太原盆地的最南端，背靠吕梁，汾水环绕。现居住人口1400人，具有典型的明清时期晋中民居特色，为山西省历史文化名村。

(2) 基本思路

深入调查历史文化资源，准确凝练村庄特色与价值，完整揭示历史文化信息，科学建立保护框架体系，认真制定切合实际的保护措施，合理确定村庄空间发展格局。规划从历史文化资源调查、历史文化资源评价、历史文化研究、特色与价值定位、现状问题分析、制定保护技术路线、确定规划手段、整治与保证措施等八个方面建立保护规划框架体系。

(3) 规划内容

① 保护规划

规划将保护内容分为物质文化遗产和非物质文化遗产两大类。对于物质

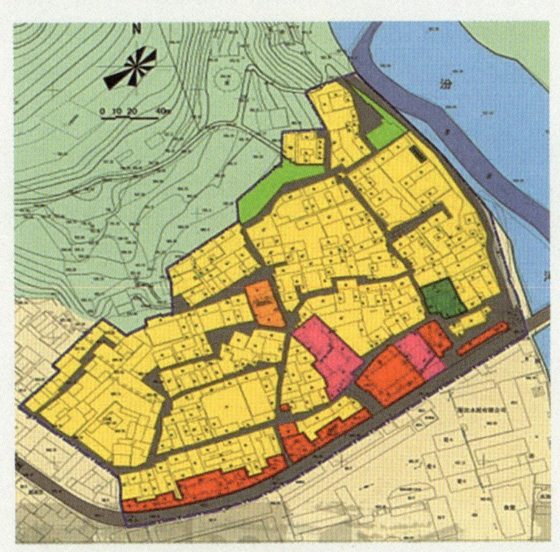

图 7-77　土地利用现状图

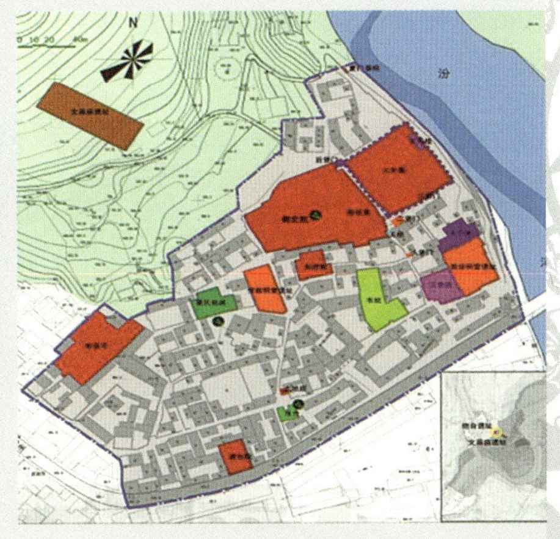

图 7-78　历史文化资源分布图

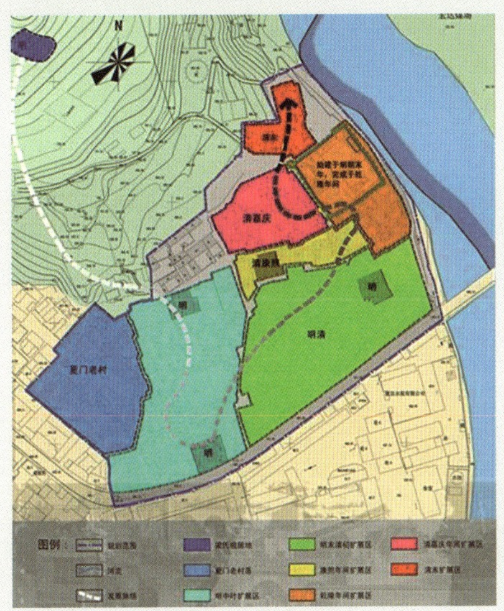

图 7-79　空间形态演变分析图

图 7-80　空间艺术构架分析

文化遗产的保护，在认知其特色和价值的基础上，采用“整体保护，分区对待”的原则，将之划分为保护区、建设控制地带和环境协调区，不同的区域分别有不同的保护内容和整治措施；对于非物质文化遗产，挖掘文化资源，结合历史与现代，合理利用民俗风情。

规划根据夏门村历史文化遗产的特点及其所在的山水环境特点，确定了三类保护范围（保护区、建设控制地带和环境协调区）和六个层次的保护对象（夏门镇区、保护区、重要院落群、重要巷道、重要历史建筑和建筑遗址）。

② 整治规划

整治规划包括建筑整治、建筑高度与风貌控制和人口控制三方面内容。

建筑整治：保护整治规划本着保护传统空间格局与建筑风格、充分考虑现状和可操作性的原则，对建筑及外部空间提出分区保护整治的措施，包括：修缮、维修、保留、改造和拆除五个方面。

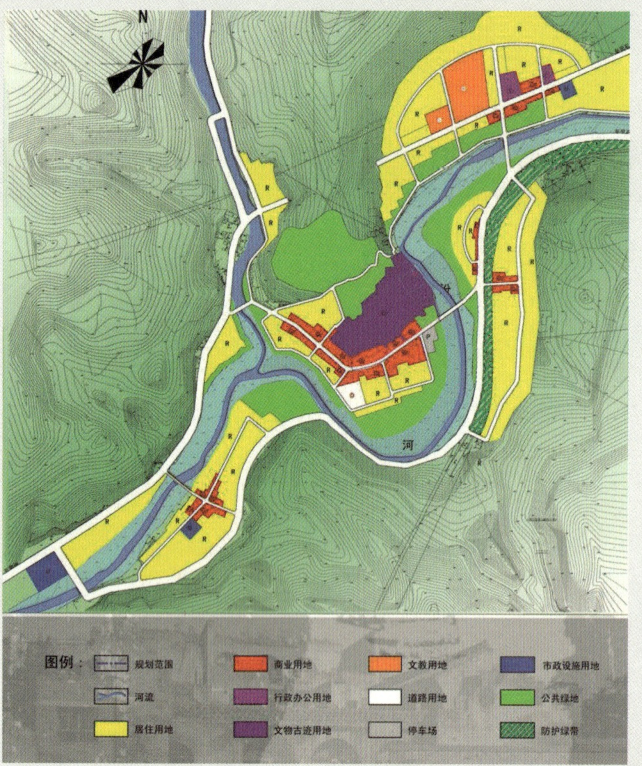

图 7-81　保护区划分图

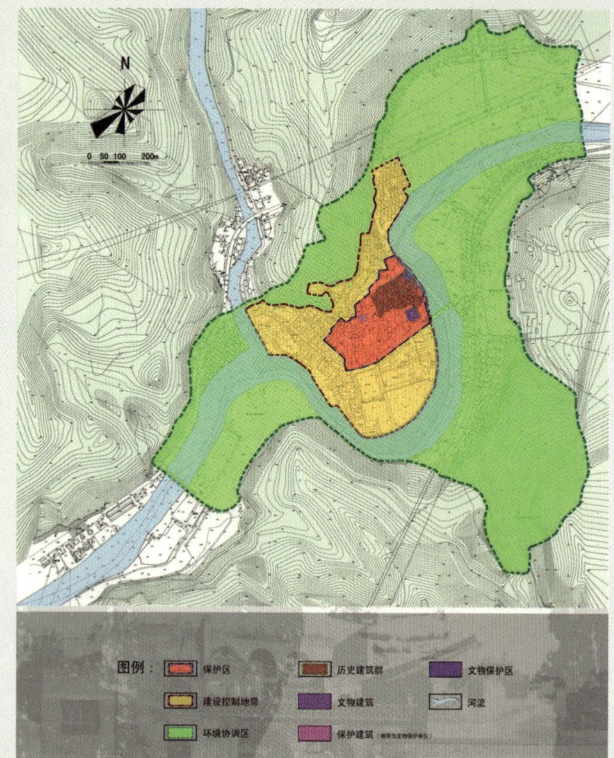

图 7-82　土地利用规划图

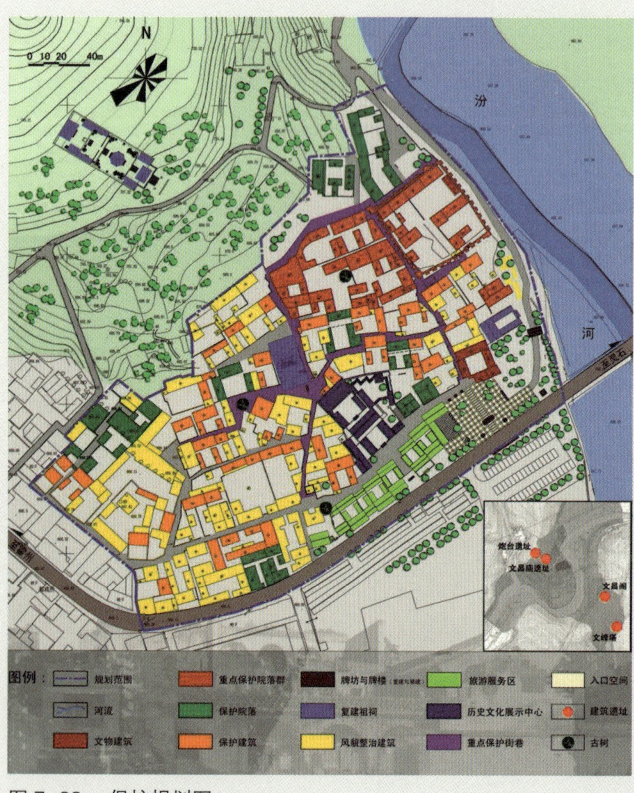

图 7-83　保护规划图

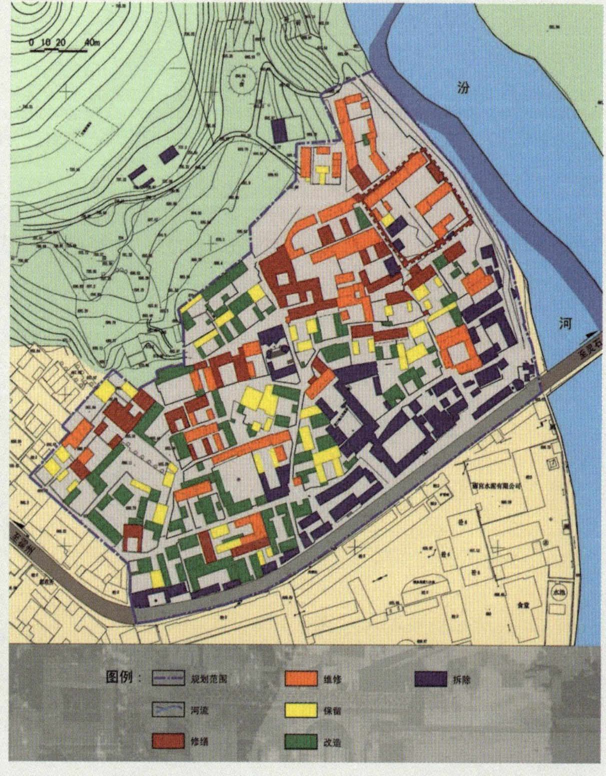

图 7-84　整治规划图

图 7-85　广场设计意向图

图 7-86　高度控制规划图

建筑高度与风貌控制：规划采用了观赏视线与建筑角度的关系模拟分析，具体以汾河和周边的山势形成的夹角为参照，考虑人的视线要求，规划建筑高度控制分为三个大区，即保护区的建筑高度控制、建设控制地带的建筑高度控制和环境协调区的高度控制。

人口控制：夏门村是历史建筑密集区，要严格控制人口规模。规划采用院落控制人口的办法，将可供居住的80个院落，按照每院居住不超过5人标准，合理确定居住人口，并将多余的人口迁出保护范围。

(4) 规划特色

① 和新农村建设统筹考虑。正确处理保护和现代化建设之间的关系，把握全局，统一规划，突出重点，分期整治，将规划的科学性、前瞻性和实施的合理性、可操作性有机结合。

② 广泛征求村民的意见。规划中采用问卷调查、采访、座谈等方式，广泛征求村民的意见，了解实际情况和村民需求，保证了保护规划的针对性、可操作性。

③ 针对具体的环境和院落，提出整治措施，特别是在文本和图纸的表达中，尽量通俗易懂，方便村民看懂，取得了良好的社会效果。

3. 苏州西山镇东、西蔡古村落规划

(1) 现状概况及特征

东、西蔡古村落位于太湖消夏湾畔，缥缈峰南麓，依山傍水，风光秀丽，其基本特征可概括为“消夏湾畔、缥缈山麓、古村风韵、田园人家”。古村落沿消夏湾呈带状分布，现存长约600m的古街。由于当地居民自发的建设，目前古街两侧历史建筑大多不复存在，曾经的繁华与喧闹只存在于当地老人的记忆中。古村落保留了“前院后宅”的居住格局，但大多经过翻修，传统多进院落所具有“庭院深深深几许”的独特空间感观已趋平淡。

(2) 规划措施

① 保护山水格局，形成村庄引湖纳山的整体形态

规划整体保护村落山水格局，理顺青山－绿水－村落的空间关系，保证古村落所依托的外部环境与村落的整体性，同时对村落的原始空间形态加以控制，避免破坏古村落生态环境和整体风貌，体现“天人合一”的传统理念。

② 整理村落公共活动空间，提升村落活力

规划以村落古街的公共活动空间为依托，置换周边建筑功能，整饬建筑立面，再现其历史风貌，形成具有村落特色的公共活动空间，提升古村落的文化内涵和景观价值。

③ 挖掘传统空间元素，构筑村落入口空间

规划将旅游接待服务等公共设施布置于村落入口处，并沿用“庭院深深

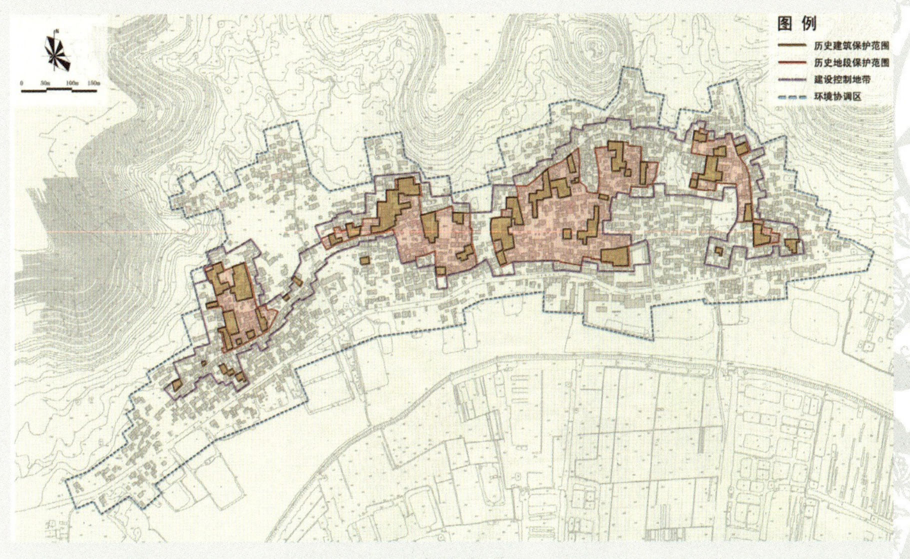

图 7-87　现状图

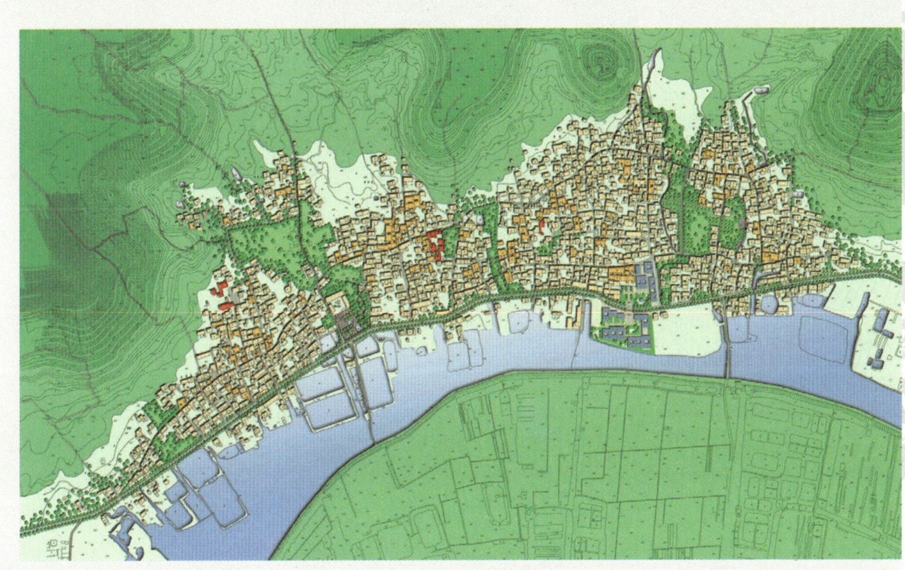

图 7-88　规划总平面

深几许”的传统多进院落空间方式构建入口公共建筑群，形成体现地域特征的村落入口空间。

4. 苏州东山镇陆巷古村

(1) 现状概况及特征

东山陆巷古村位于苏州太湖洞庭东山的后山，西接太湖，背山面水，风景秀丽。古村核心保护区内现有住户 240 户，居民 871 人，人口密度与建筑适宜，人均居住面积较大，达到人均 55.6m^2。

古村极富人文景观资源，地理位置依山傍水，一街六巷的村落格局，数量甚多的明清建筑宅院等，都是陆巷古村落独具特殊价值的资源优势，体现在以下几个方面：

① 从重要历史建筑角度看，陆巷古村落现有明代建筑 19 处，清代建筑

图 7-89　爱日堂新（左）

图 7-90　德荫堂（右）

图 7-91　芥舟园（左）

图 7-92　狮子墙门（右）

图 7-93
历史地段整治规划总平面图

15 处，传统建筑 13044.7m^2。至今村落内大部分建筑保存完好，单体形制多样，较完整地反映了江南地区明清时期的民居风貌。

② 从村落的格局看，“一街”与引入太湖的三条港紧邻，“六条巷”分别与一街顺序相接。无论从道路交通，还是自然排水、通风采光的角度讲，陆巷古村落的这种布局在江南民居村落中是不多见的。

③ 从村落外围的自然环境看，东邻虾蟆岭，南对东太湖，西嶂北箭壶，北依寒谷山，使古村落完全处于群山环抱之中，而且村落与太湖岸相距有数百米之远，使得村落隐在林中。这自然提高了抵御外来灾害的能力，具有独好的风水。

陆巷古村落的江南水乡村庄旅游正逐渐兴盛，尤其双休日，苏州当地、上海等地游客日多。但村内具备游览、停留条件的景点比较少。相配套的服务设施尚未完善，如交通、餐饮等。

（2）规划思路

规划分为三个层次：规划控制范围面积约为 81.46hm^2，古村落核心保护

鉴山堂　　夏业生宅

图 7-94　现状实景

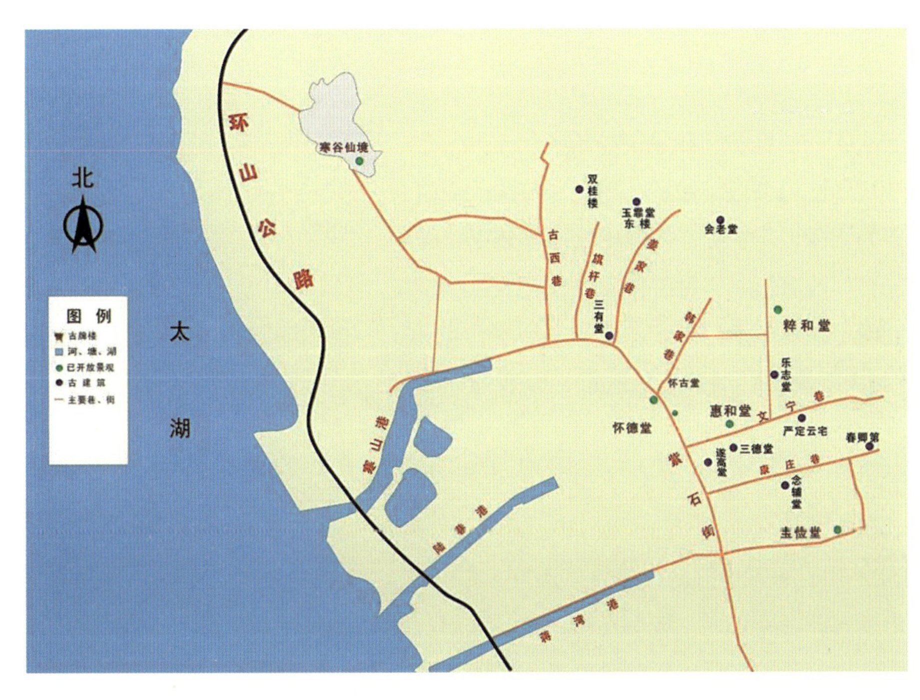

图 7-95　陆巷孤村一街六巷示意图

区规划范围面积约为 11.10hm^2，古村落重点地段整治规划范围面积约 1.3hm^2。

思路一：重点保护古村落格局和风貌核心区域。保护与展示陆巷典型的村落街巷；保护独特的宅院及其建筑文化；保护具有历史文化的古迹。

思路二：极力营造有活力的巷。延续和提升巷内村民生活质量，合理利用街巷历史文化资源，形成古村落新的旅游、休闲、文化热点。

思路三：充分融合山水景观。沟通古村落的对外交通道路脉络；发挥古村落周边山林资源优势；做好水的文章，使村落与太湖相接岸线更显自然活力；合理利用经济植物资源，使陆巷有特色的橘、枇杷、杨梅等资源为旅游服务。

（3）规划重点内容

① 明确保护框架

保护框架由自然环境要素、人工环境要素、人文环境要素三部分组成。

自然环境要素：对陆巷古村“青山、湖水、人家”的自然环境特征的保护。

人工环境要素：对陆巷古村以街巷为骨架，道路纵横，小巷幽深的传统空间格局和传统民居、特色街市以及各类重点宅院所反映的人工环境特征的保护。

人文环境要素：对居民的社会生活、生活习俗、生活情趣、文化艺术等方面所反映的人文环境特征的保护。

保护框架的结构包括节点、轴线、区域三部分以及它们相互间的有机关系所共同构成的景观特色。

节点：古村河流、民居、街市、古牌坊、古井、古木等。

轴线：对陆巷古村内各主要特色街巷。

区域：对陆巷古村落边界和中心感的强调，使古村能够形成具有独特性格的完整空间。

② 提出保护要求

陆巷村保护范围划分为两个层次：核心保护区和建设控制区。

核心保护区：所有的建筑本身与环境均要进行保护，不允许随意改变原有状况、面貌及环境。如需进行必要的修缮，应在专家指导下按原样修复，做到“修旧如故”，并严格按审核手续进行。现有影响古村整体风貌的建筑物、构筑物必须拆除、改造或整治，且保证满足消防要求。

建设控制区：各种修建性活动应根据古村保护要求进行，以取得与保护对象之间合理的空间景观过渡。

③ 营造良好景观

主要包括界面、空间、街巷三个方面。

界面：按所处空间位置及建筑年代、质量评价分为特色界面和一般界面。特色界面指能表现陆巷古村落特色风貌的空间界面，这类界面应予以保护，保

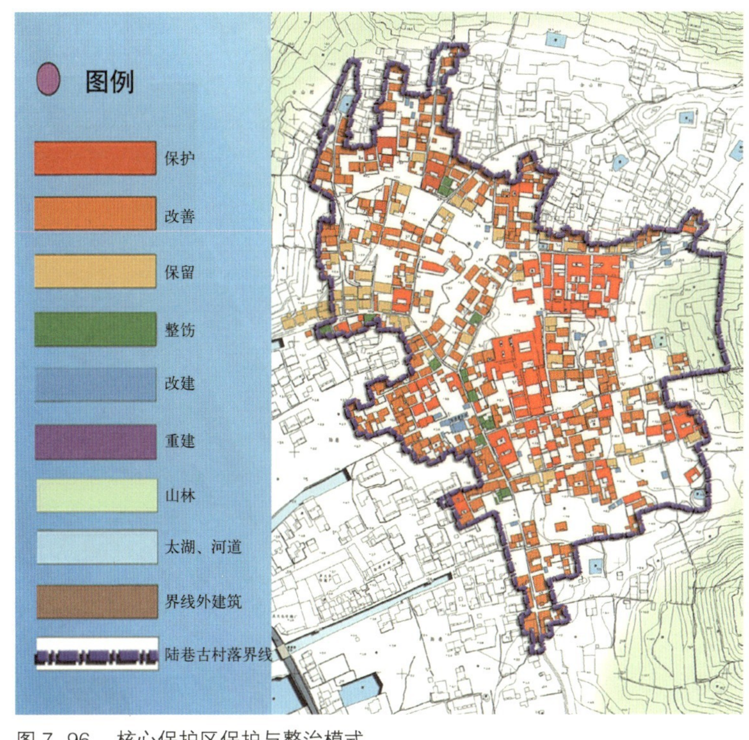

图 7-96　核心保护区保护与整治模式

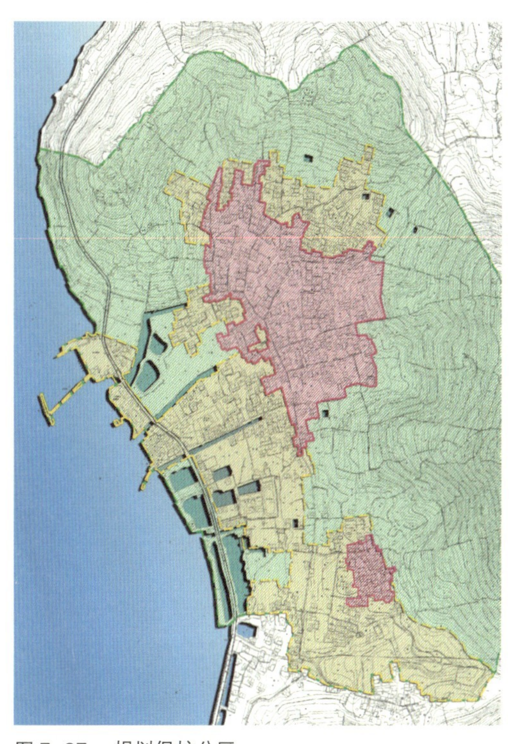

图 7-97　规划保护分区

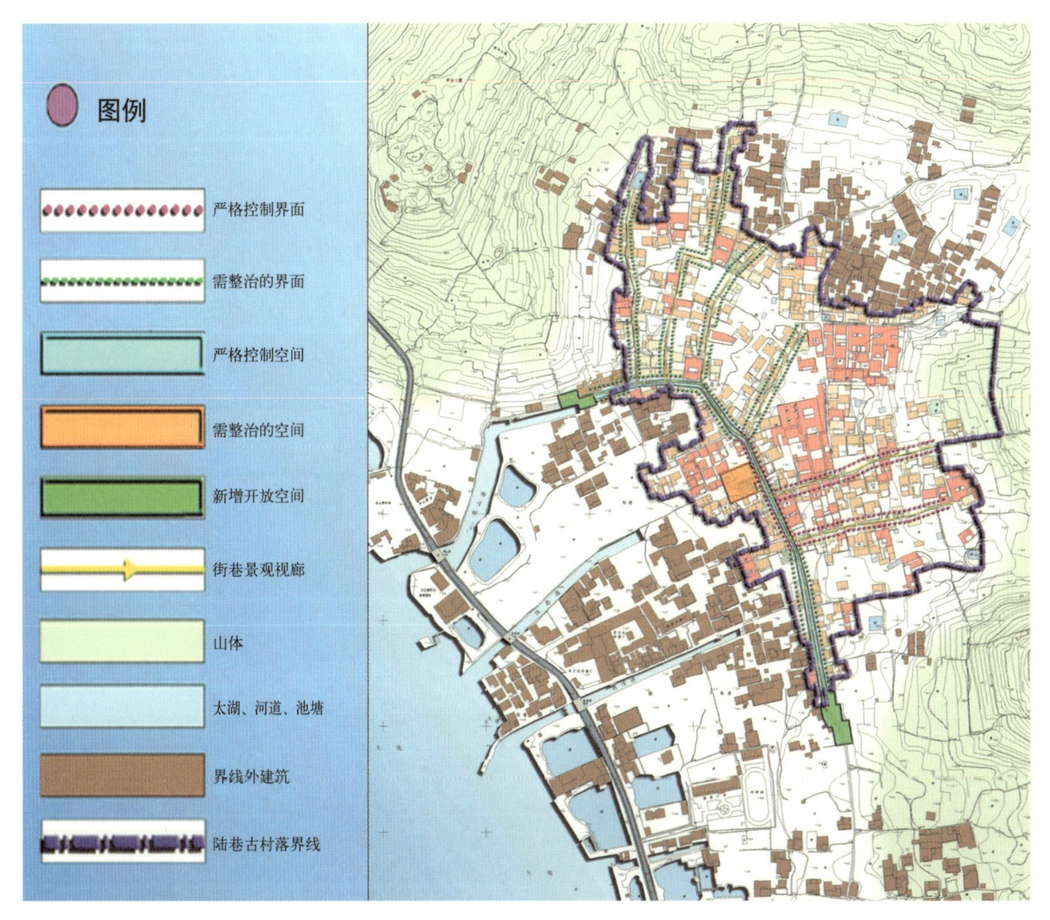

图 7-98　核心保护区空间界面保护

护的形式分严格控制和需要整治。

空间：开放空间分为临湖空间、寒谷山开放空间、广场开放空间、特色街道开放空间及新增开放空间。保护的形式分为严格控制和需要整治。

街巷：包括街空间和巷空间以及宅院空间。街巷空间形式的保护分为严格控制的街巷段和需要整治的街巷段。在保护的基础上，同时规划好古村旅游的内容。

七、整治村庄

（一）总体要求

1. 整治目的

完善村庄配套设施、提升村庄环境质量。

提升村庄环境质量是村庄整治的首要任务。通过对村庄内部空间的整理和环境的整治，改变村庄环境脏、乱、差的状况，进行水、电、通信和垃圾、污水等基础设施配套，保障村庄的基本生活水平和环境保护能力；合理配套村庄公共设施，提升村庄服务水平，促进城乡公共服务一体化。

2. 整治内容

（1）村庄环境卫生和市政设施

环境卫生是村庄整治的首要任务。主要内容包括村庄道路、给水、村庄垃圾回收点、污水处理等设施的建设，方便村庄居民生活，提高村庄居民生活品质。

（2）村庄公共设施

根据村庄需求，配置与当地经济社会发展水平和特点相适应的公益性公共服务设施。结合公益性公共服务设施建设，形成村庄的公共活动空间，提升村庄活力。合理安排经营性公共服务设施。

（3）村庄风貌

主要是梳理村庄空间脉络，整理公共活动空间，对保留建筑、拆除建筑和新建建筑区别具体情况提出应对措施，对影响村庄居住品质的各类设施、乱堆乱放等进行整治，创造良好的村庄整体面貌。

3. 规划注意的问题

（1）切合实际

村庄经济基础一般比较薄弱，整治内容应针对村民当前合理需求，保障当地城乡统筹的协调；整治经费应符合政府支持的能力和村庄自筹的可能，切忌过于理想化，导致规划仅仅成为美丽的图画。

（2）乡土生态

村庄环境的落后原因主要是缺设施、少管理，不是乡土因素，更不是生态因素。整治规划应当找准整治点，不能“投鼠忌器”、环境整洁了，但乡村变成了城镇、人工取代了生态。必须精心选择、精心应对，做到自然有序、生态整洁、乡土文明。

（3）合理插建

由于过去疏于管理，农民建房往往过于分散，土地利用粗犷，因此插建是村庄整治中比较常用的建设方式。但不能一味见地插屋，导致宜居度过低。合理的插建需要结合村庄空间整理及景观塑造的综合要求进行，在适当保留村庄开敞空间的前提下，对空置地进行合理安排，既达到节约用地的目的，又不影响村庄居住环境的提升。

（二）案例

1. 浙江省开化县禾丰村

（1）现状概况及特征

禾丰村地处典型的山地平原交界处，北枕群山，南面是平整的农田，自然景观优越。全村共有 370 户，1350 人。村内产业以农业种植和水产养殖为主。村庄主要存在以下问题：

① 自然禀赋好，综合利用差。

② 道路网不匹配，断头路、泥土路居多。

③ 公共设施缺乏，基础设施没有统筹规划，卫生条件差。

（2）村庄定位和规划目标

把禾丰村建设成为以中心村服务功能和农业水产养殖功能为主、乡村休闲旅游功能为辅，生活舒适，环境优美，具有浓郁田园风光和地域特色的生态示范村。

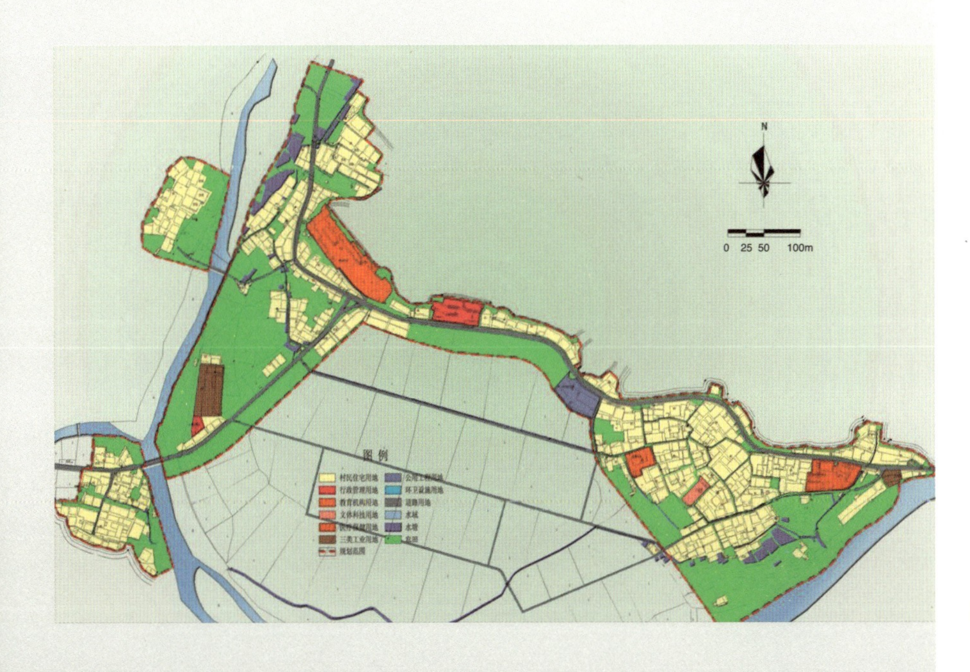

图 7-99　现状用地图

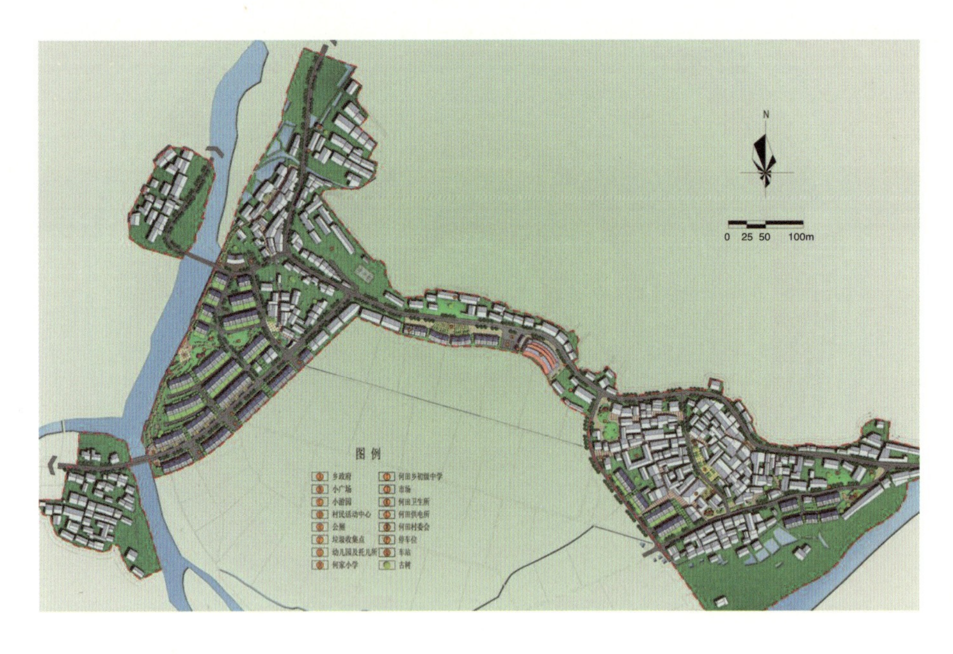

图 7-100　规划总平面图

（3）规划思路

① 深入研究上位规划对禾丰村的指导，做好与上位规划的衔接。

② 分析总结现状，提炼存在主要问题，有针对性地提出整治措施。

③ 贯彻以产业规划为引导的发展模式，走多元化发展道路。

④ 抓住青山、绿水及“清水鱼养殖”的地方特征，指导村庄建设。

⑤ 注重分期实施，进行主要项目的投资估算，提出切实可行的政策建议。

（4）规划整治内容

① 道路整治：拓宽村内主要道路江滨路等，红线宽 7m。在村内修建纵横各一条 4m 宽的道路，形成完整的道路体系。

保留现状已成型的宅间路和宅前路场，理顺步行道路，配置绿化带，形成村中步行小路。结合村内地形，地势高差太大的部分道路建成阶梯形式。

在村内主要道路设置路灯。沿路适当设置临时停车场地。

② 住宅建筑整治：对沿路建筑物依据不同情况分为保留、整修清洗、更换色彩、重点改造、尽快拆除、远期拆除等几种模式进行整治。新建住宅形式主要采用多户联建的独立式小康型住宅，将本地民居建筑特色与现代建筑相融合。

③ 公共设施建筑整治：结合乡政府设立公共中心、新建广场、交易市场等配套设施，将原大会堂改建为村民活动中心，为村民日常休憩活动提供配套服务。

④ 环境卫生整治：新建公厕和垃圾收集点。

⑤ 村庄绿化整治：点线面相结合，使村庄绿化与周围山体、农田融为一体。

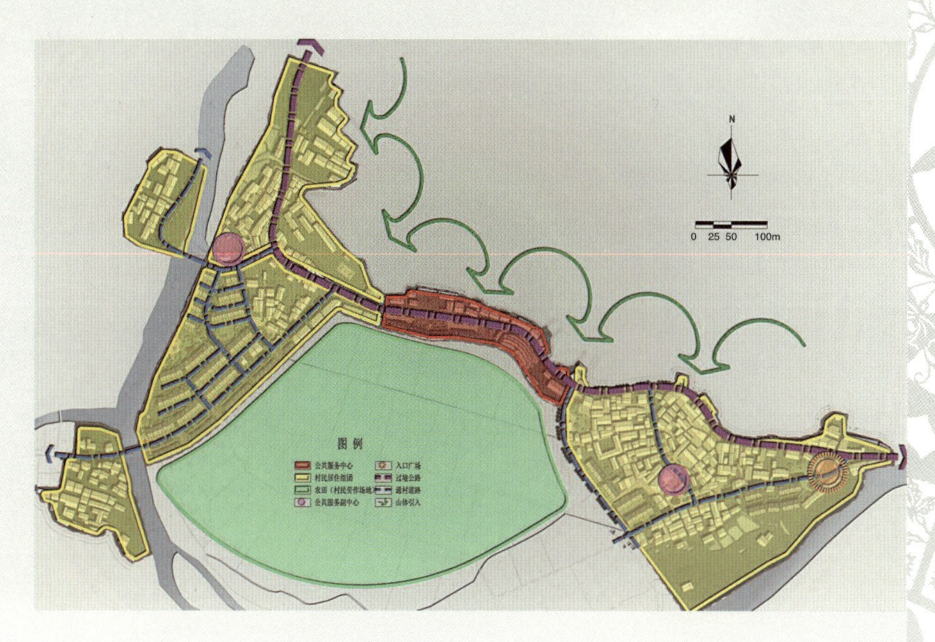

图 7-101　规划结构分析图

⑥ 河道整治：河道整治与环境、景观和村民生活相结合，强调人与水之间的有机融合。

⑦山体整治：开展山体整治复绿和保护，走多元化整治之路。

(5) 经济发展规划

村庄的经济发展重点为：积极推进由单一传统农业向生态农业、水产养殖等多元发展的结构调整；结合村庄自然环境及近郊优势，适当发展休闲旅游业。

(6) 用地布局

① 居住建筑布局

规划依托水系、道路分隔，将村民住宅划分为相对独立的五个组团。各组团之间现状除少量农户分布外，主要为农田等生产用地。规划引导这些农户向村庄东西两片居住组团集聚，并对废置地进行复垦，推进农田集约化，促进形成中心村的绿肺、生产性的绿色廊道。

② 公共建筑布局规划

中心村的公共设施建设主要强调集中与共享，规划从步行距离及建设基础等多方面评价，选择了相对适中、环境良好的乡政府所在地及周边的狭长形地带，集中安排社区公共服务设施，可同时兼顾东西两片，是整个村庄的核心。在西片结合新村委会和溪边景观节点，形成次中心；在东片设村民活动中心。

(7) 住宅建筑设计

① 住宅户型选择

新村的住宅以 2 ~ 3 层联排式为主，建筑平面设计注重动静分区，住宅内部的汽车库和生产用房可根据用户的需要改变使用功能，具有很大的灵活性

图 7-102　户型效果图

以适应村民的多种需求。

② 建筑设计引导

吸收传统民居特点，结合当地村民的居住水准及现代生活需求，提供适应不同经济能力和家庭构成需要的套型住宅。外墙面采用粉色或白色，屋面为青灰色，保持浙江民居的特色。

③ 沿河立面景观设计

规划对居民点重要的临水街道进行立面整治，主要内容为建筑的整修、清洗，公共空间的塑造与临水环境的美化。

（8）规划特色

① 注重广泛的村民参与、充分尊重民意

现状调研街道和规划制作阶段都组织村民代表参与方案讨论，整个过程既体现了规划意图又获得村民广泛支持。

② 以产业引导为先，结合农村实际，走多元化发展道路

分析禾丰村经济发展条件，利用村民引山泉养鱼的习惯，发展清水鱼养殖观光产业。

③ 让有限的建设资金发挥最大的社会价值

规划着力抓好最需改善的方面、村民需求最迫切的方面和最能体现效益的方面，通过对资金投入的分析比选，使村民在投入较少的情况下取得较高的社会价值，为广泛的村庄整治提供示范。

④ 珍惜山水环境，保护田园风光

突出路水相依、村随山势、山水人家等主题理念，沿岸栽植亲水植物体现加强滨水风情，通过堤岸的灵活处理、景色的有机导入，将山水环境引入人

的生活，体现“仁者乐山、智者乐水”的传统理念。

2. 句容市后白镇后白村

（1）现状概况及特征

后白村位于后白镇西北侧，占地面积约 10.9hm^2，共有 262 户，约 900 人。村庄地势北高南低，属丘陵地区中的缓坡区。现状村庄具有以下几个特征：

① 村庄距镇区较近。村口离镇区中心约 500m。

② 布局比较紧凑。现状人均建设用地约 121m^2。

③ 房屋建筑质量尚可。全村 262 户中，楼房共有 132 户，平房中也有较多质量不错的建筑。

④ 村民建房需求量低。每年全村仅 2 户左右需要建设新房。

⑤ 庭院内外环境相差较大。庭院内部环境整洁，庭院外部环境脏乱。

（2）规划整治内容

包括村庄环境整治和住宅空间整治两方面。

村庄环境整治主要从村庄道路和环境卫生入手，以“五清五建”为核心内容。即：清理路障，建设硬质化村庄道路；清理垃圾，建设垃圾收集装置；清理粪便，建设污水处理设施；清理河塘，建设雨水排放系统；清理乱搭乱建，建设公共活动空间。

住宅空间整治主要从保留、整治、新建三个角度对村庄住宅外部关系进行整理，形成整洁有序的空间脉络。

（3）规划特点

① 利用巷道空间及公共院落空间的整治，将现状村庄无序的空间整理为有序的“院落—村庄”两级空间组织结构。

巷道空间的整治：规划以村庄内部通道为基础，整理出相互贯通的网络状的巷道空间。村庄巷道对外与入村道路连接，对内与公共院落空间沟通，形成人流活动的主要通道。

公共院落空间的整治：公共院落是人们日常交流最便捷的场所。规划利用巷道形成 12 个大小不等的公共院落。院落内住宅分为保留、整治和新建三种。对于现状质量较好的住宅规划保留；对于现状平房（住户没有建房需求的）进行外貌整治；新建住宅主要是考虑院落空间围合的需要。

② 充分利用村口和滨水空间提升村庄环境景观质量。

村口景观：通过公共服务中心、活动场地、环境景观小品、植物造景的组合来形成村口特色，突出村庄的标志性。

滨水空间的利用：不同位置的滨水空间采用不同利用方法，着重处理好水与绿化、水与建筑、水与人的活动等三方面的关系，形成丰富的村庄滨水景观。

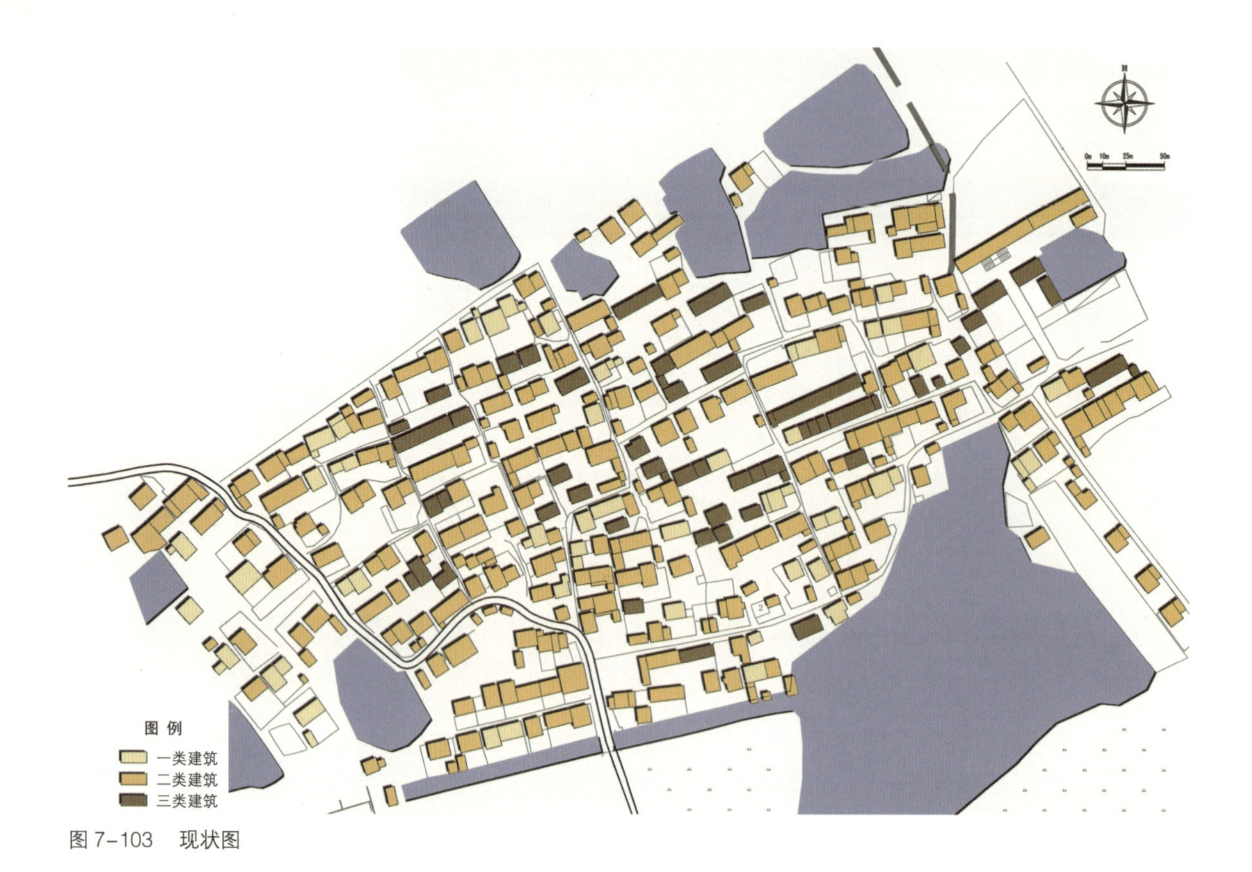

图 7-103　现状图

图例
保留住宅
整治住宅
新建住宅
公共建筑
村庄道路
水面
街巷空间
院落空间
宅院空间
绿地
树木
停车场
公共厕所

塘
规划界线

图 7-104　规划总平面图

图 7-105　街巷空间分析图

图 7-106　滨水空间效果图

第四部分　农村适用科技

第八章　生活污水处理

一、农村生活污水的特点

1. 分布特点

农村生活污水包括人粪尿、洗涤水、洗浴水、厨余废水等冲洗污水，污水的排放有以下特征：

（1）分散。村庄分散的居住形式造成农村生活污水排放点分散。

（2）排放无序。农村居民住宅成套率不高，缺乏完善的污水收集系统，卫生间、厨房、洗衣等污水多不成系统，分别各自排放。

（3）处理率低。不少地方仅对人粪尿和冲洗污水通过简单的化粪池处理，洗涤水、洗浴水和厨余废水一般未经任何处理直接排放。

未经处理的生活污水随意排放，严重污染农村的生态环境，容易造成部分地区传染病、地方病和人畜共患疾病的发生与流行，直接威胁广大农民群众的身体健康，影响农村的经济发展和社会进步。

2. 水质特点

农村生活污水中污染物主要包括：①不溶物质，包括沉积杂质和悬浮物质；②胶态物质，包括淀粉、糖类、脂肪、油、洗涤剂等；③溶解质，含氮化合物、磷酸盐、氯化物、尿素、硫化物及其他有机物、微生物，如细菌、病毒、原生动物等约占50%。

与城市污水相比较，污染物浓度相对较低，污水浓度变化比较大，主要与用水量、生活习惯等有关。一般来说，农村生活污水COD日平均在250～450mg/L之间；TKN浓度，平均为20～40mg/L，最高可达70～80mg/L；TP平均为1～3mg/L，最大可达6～7mg/L。

3. 水量特点

农村生活污水排放量与用水量密切相关，生活用水量因气候特点、经济条件、生活习惯等因素的差异而不同，一般来说，南方人均用水量要远远高于北方。

参考《给水排水设计手册》，农村居民生活用水量可参照下表确定：

农村居民生活用水量 **表 8-1**

类 型	用水量 (L/ 人 · d)
有给水系统、卫生间、沐浴设备	90 ～ 125
有给水系统、卫生间，无沐浴设备	55 ～ 90
有给水龙头	40 ～ 60
无给水排水系统、卫生间和沐浴设备	10 ～ 40

由于农村生活污水自然排放，蒸发与下渗的损失量较大，污水排放量一般只占总用水量的 45% 左右。在居住较为集中、卫生设施与排水管网相对完善的村庄，生活污水排放量一般可达总用水量的 75% ～ 90%。农村生活污水排放不均匀，早、中、晚三个时段相对集中排放，瞬时变化较大，日变化系数一般在 3.0 ～ 5.0 之间。

二、农村生活污水处理的基本模式

1. 一般处理原则

农村生活污水处理应根据村庄所处区位、人口规模、集聚程度、地形地貌、排水特点及排放要求、经济承受能力等具体情况，采用适宜的污水收集模式和处理技术。

（1）接管优先。靠近城区、镇区且满足城镇污水收集管网接入要求的村庄，污水宜优先纳入城区、镇区污水收集处理系统。

（2）分类处置。对人口规模较大、集聚程度较高、经济条件较好的村庄，宜通过敷设污水管道集中收集生活污水，采用生态处理、常规生物处理等无动力或微动力处理技术进行处理。对人口规模较小、居住较为分散、地形地貌复杂的村庄，宜就地就近，选择合适方式收集处理农户生活污水。

（3）资源利用。充分利用村庄地形地势、可利用的水塘及闲置地，提倡采用生物生态组合处理技术实现污染物的生物降解和氮、磷的生态去除，降低能耗，节约成本。结合当地农业生产，加强生活污水削减和尾水的回收利用。

（4）经济适用。污水处理工艺的选择应与村庄的经济发展水平、村民的经济承受能力相适应，力求处理效果稳定可靠、运行维护简便、经济合理。

2．一般处理流程

农村生活污水处理的流程一般遵循先易后难、先简后繁的规律，即首先采用物理方法去除呈悬浮状态的固体污染物质，然后再使用生物或生态方法依次去除胶体物质及溶解性物质。按照流程可分为三个阶段：

第一阶段（又称预处理、简单处理）主要是去除污水中呈悬浮状态的固体污染物质（SS），常用沉淀、拦截、过滤等物理方法，经过该阶段处理后的污水，BOD 能去除 30%左右，但对其他污染物质去除效果不明显，出水如需达到相关国家标准，还必须进行后续阶段处理。三格式化粪池可作为第一阶段的处理单元。

第二阶段主要是大幅度地去除污水中呈胶体和溶解状态的有机性污染物质（以 BOD 和 COD 物质为主），常用生物滤池、氧化沟渠、净化沼气池等生物处理方法作为第二阶段的处理单元。通过第二阶段的处理，有机污染物基本能达到《污水综合排放标准》（GB 8978—1996）的一级或二级标准。

第三阶段主要是进一步去除第二阶段处理所未能有效去除的污染物质，包括微生物未能降解的有机物和氮、磷等能够导致水体富营养化的可溶性无机物等。第三阶段常用的方法有生物脱氮除磷、化学除磷、砂滤、活性炭吸附等。人工湿地、氧化塘等生态处理方法也可以用于第三阶段，起到强化去除氮磷的作用。

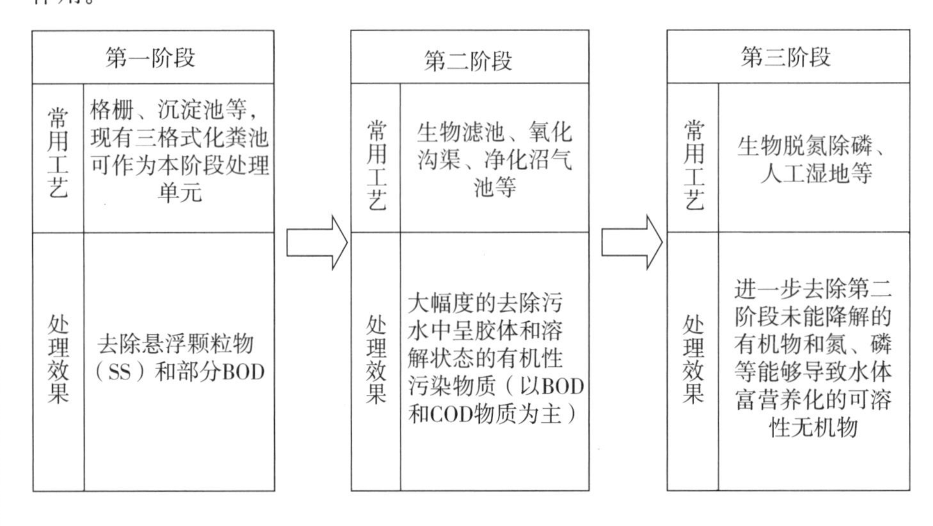

图 8-1　农业污水处理流程

三、国外农村生活污水常用技术

污水处理最高的目标是实现资源消耗减量化、产品价值再利用和废弃物质再循环，水资源的利用要实现从“供水—用水—排水”的单向线性水资源代谢系统向“供水—用水—排水—污水回用”的闭环式水资源循环系统过渡。对于农村的分散生活污水，工艺简单、处理效果有保证、运行维护简便的分散型污水处理系统是一种具有最佳综合效益的选择，它包含污水处理和资源化利用双重意义，强调分质就地处理和尽可能回收营养物质。

日本自1977年实行农村污水处理计划以来，至1996年底已建成约2000座小型污水处理厂，上世纪90年代，在循环经济理念的指导下，日本政府重新调整了污水处理政策，加大了对小城镇和没有排水系统的农村地区的污水处理力度，加快中小型污水处理设施的研究开发和应用。日本农村污水处理协会设计、推广的污水处理装置体积小、成本低，操作运行简单，十分适用于农村，一般每1000人可设置一个。处理后的污水水质稳定，大多灌溉水稻或果园，污水中分离出来的污泥经脱水、浓缩和改良后，运至农田作肥料。

韩国的农村居民分散居住，认为兴建集中处理的污水系统造价太高，小型和简易的污水处理系统适合在农村应用。因此，研究了一种湿地污水处理系统，使污水中的污染物质经湿地过滤后或被土壤吸收，或被微生物转变成无害物。这种方法需要的能源少，维护的成本低。

上世纪60年代，美国威斯康星州的城市污水处理厂排放的污水大量流入密歇根湖，导致湖水富营养化现象日益严重。由于采用活性污泥法处理工艺，污水处理厂的排水和剩余污泥量非常大，极易引起二次污染。此外，总氮和总磷的去除效果也不十分明显。占地面积过大及对地下水的潜在威胁等诸多生态环境问题，促使该州改变策略，将该流域的村、镇分割成若干个小区域，再在每一个小区域内采用小型土地（氧化塘、人工湿地等）或生化系统将污水处理后排入密歇根湖中，从而改善了每一个小区域的水环境质量，降低了处理成本，也有效地缓解了湖水的富营养化问题。

总体来看，发达国家在农村分散生活污水处理技术的研究和应用方面，积累了许多经验，值得学习和借鉴。

1．“FILTER”污水处理及再利用系统

澳大利亚科学和工业研究组织（CSIRO）的专家于最近几年提出一种“过滤、土地处理与暗管排水相结合的污水再利用系统”，称之为“FILTER”（非尔脱）高效、持续性污水灌溉新技术，该系统利用污水灌溉达到污水处理的目的，能有效实现污染物去除和污水减量的双重目标，既可满足作物对水分与养分的需求，又可降低污水中的氮、磷、钾含量，避免污水直接排入水体后，导致水体富营养化。该系统对总磷（TP）、总氮（TN）、生物耗氧量（BOD_5）和化学耗氧量（CODCr）的去除率分别能达到97%～99%、82%～86%、93%和75%～86%。

2．人工湿地处理系统

该系统一般由人工基质（多为碎石）和生长在其上的沼生植物（芦苇、香蒲、灯心草和大麻等）组成，是一种独特的“土壤—植物—微生物”生态系统，利

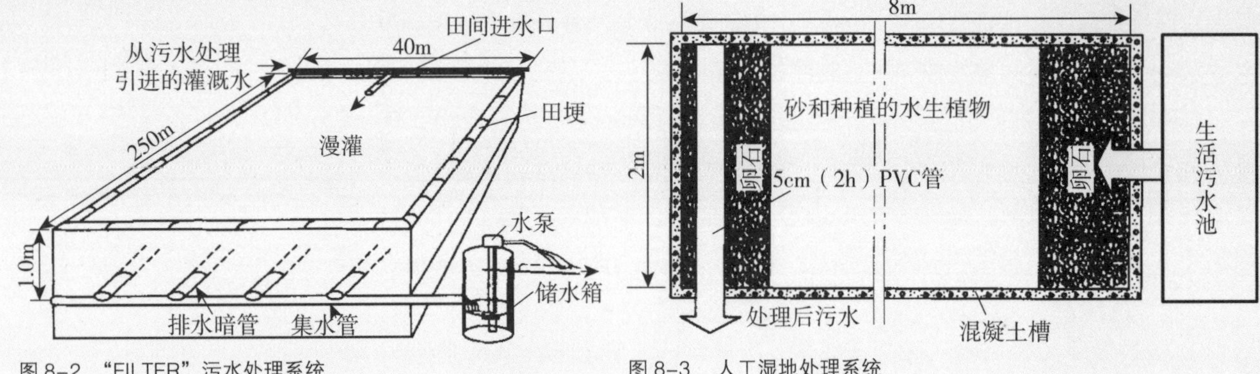

图 8-2 “FILTER”污水处理系统

图 8-3 人工湿地处理系统

用各种植物、动物、微生物和土壤的共同作用，逐级过滤和吸收污水中的污染物，达到净化污水的目的。该技术在欧洲、北美、澳大利亚和新西兰等国家得到了广泛应用，这种系统需要解决土壤和水中的充分供氧问题及受气温和植物生长季节的影响等问题。

3. 土壤毛管渗滤系统

该系统将污水投配到土壤表面具有一定构造的渗滤沟中，污染物通过物理、化学、微生物的降解和植物的吸收利用得到处理和净化。美国、日本、澳大利亚、以色列、俄罗斯和西欧等国一直十分重视该系统的研究和应用，在工艺流程、净化方法和构筑设施等方面做到了定型化和系列化，并编制了相应的技术规范。该技术对悬浮物、有机物、氨氮、总磷和大肠杆菌的去除率均较高，一般可达 70% ~ 90%，而且基建投资少、运行费用低、维护简便，整个系统埋在地下，不会散发臭味，冬季也能保证较稳定的运行，便于污水的就地处理和回用。因此，对于水资源供需矛盾日益紧张、生活污水污染日趋严重的广大农村，该技术具有很强的技术和经济优势。

4. 生物膜技术

生物膜法是处理分散式生活污水主要应用的一种人工处理技术，包括厌氧和好氧生物膜两种。厌氧或好氧微生物附着在载体表面，形成生物膜来吸附、降解污水中的污染物，达到净化目的。该方法设备简单、运行成本较低，处理效率高。反应器一般由填料（载体）、布水装置和排水系统三部分组成，采用的填料有无机类（陶粒、矿渣、活性炭等）和有机类（PVC、PP、塑料、纤维等）。目前，新型的生物膜反应器和固定化微生物技术也得到了广泛的研究。

5. 稳定塘

该技术主要是利用菌藻的共同作用来去除污水中的污染物，具有建设投资少、运转费用低、维护简单、便于操作、能有效去除污水中的有机物和病原体以及不需处理污泥等优点。德国和法国分别有各类稳定塘 3000 座和 2000 座，而美国已有各类稳定塘上万座。美国的 Oswald 提出并发展了高效藻类塘，最大限度地利用了藻类产生的氧气，充分利用菌藻共生关系，对污染物进行高效处理。

选用稳定塘时，必须考虑是否有足够的土地可供利用，并对工程投资和运行费用作全面的经济比较。我国地少价高，稳定塘占地约为活性污泥法二级处理厂用地面积的 13 ～ 67 倍，因此，稳定塘建设规模不宜大于 5000m^3/d。在地理环境适合且技术条件允许时，村庄污水处理设施可利用荒地、废地以及塘沟、洼地等建设稳定塘处理系统。

6. 一体化集成装置处理技术

发展集预处理、二级处理和深度处理于一体的中小型污水处理一体化装置，是国内外污水分散处理的一种发展趋势。日本研究的一体化装置主要采用厌氧—好氧—二沉池组合工艺，兼具降解有机物和脱氮的功能，其出水 BOD_5<20mg/L、TN<20mg/L，近年来开发的膜处理技术，可对 BOD_5 和 TN 进行深度处理。欧洲许多国家开发了以 SBR、移动床生物膜反应器、生物转盘和滴滤池技术为主，结合化学除磷的小型污水处理集成装置。

四、国内农村生活污水处理技术

1. 分散式人工湿地污水处理池技术

由浙江大学与浙江省环科院研究开发。农户生活污水由一端排入，另一端排出，当人均用水量 80L/ 人 · d，且化粪池出水全都进入人工湿地，人均湿地净面积为 0.8m^2 时，出水水质可达《污水综合排放标准》（GB 8978—1996）的一级标准。应用于浙江省安吉县和湖州市，安吉县目前已普及 1/3 村庄。该处理池运行 3 年后要更换或清洗池内填料，以消除堵塞问题。

2. “阿科曼”技术治理污染池塘

“阿科曼”是由超编织技术制造的一种织物，1m^2“阿科曼”产品能够提供的生物附着表面积最高达 250m^2。把这种载体置入水中，它就可以大量吸附水中微生物，数百倍地放大自然界的生物降解作用，从而使水质变得洁净。浙江省安吉县山川乡高家塘村是较早采用这一技术的村庄，投入 5 万元，用了 1 年时间使村内又黑又臭的排污池塘变清。

3. 地下渗漏处理技术

国内有许多高校和科研部门进行开发。分别建成沈阳工业大学 50m^3/d、北京通州 60m^3/d、云南滇池地区 30m^3/d 和温州雁荡山 200m^3/d 的生活污水处理工程。南京大学陈繁荣教授在广州地区开发出高负荷地下渗漏技术。这些技术具有出水水质好、投资省、管理简单、建在地下、不破坏景观等优点。

4. 厌氧发酵——人工湿地处理技术

在保留生活污水净化沼气池特点基础上，增加人工湿地的功能，进一步提高污水处理效果。据如皋市试点，秋冬季对皋张汽渡公厕污水处理系统出水测定：CODCr 为 56 ～ 65mg/L，BOD_5 为 7 ～ 8.6mg/L，SS 为 31 ～ 38mg/L，NH_3-N 为 45.9 ～ 47.1mg/L，磷为 2.88 ～ 2.89mg/L。多项指标好于《城镇污水处理厂污染物排放标准》（GB 18918—2002）标准的二级标准。

5．“厌氧 + 跌水充氧接触氧化 + 人工湿地”、“脉冲多层复合滤料生物滤池 - 人工湿地”、“自回流立体网框生物转盘 + 水耕蔬菜”等多项组合型污水处理技术

由东南大学开发，已在太湖流域多个农村生活污水工程中得到应用。此类技术系微动力处理技术，净化效果良好，COD_{Cr}、TN、TP 平均去除率高，无剩余污泥积累。

6．“塔式蚯蚓生态滤池 + 人工湿地”组合技术

由南京大学郑正教授、罗兴章副教授开发，已在宜兴市、太仓市等地建成数十座示范工程，处理水质达到《城镇污水处理厂污染物排放标准》（GB 18918—2002）标准的一级 B 标准。

7. 毛细管地下渗滤技术

由南京大学孔刚等和上海交通大学孔海南等人开发，应用于宜兴市大埔镇部分村庄。南京大学按 3 ～ 7 户建一座“地下渗滤沟处理系统”，建设费用 3900 ～ 5400 元 / 座，共建 50 座。上海交通大学对 120 户的生活污水集中建一座“地下渗滤沟处理系统”，投资 900 元 /t，两者运行费用均低于 0.1 元 /t。处理出水水质 COD_{Cr} 低于 70mg/L，TP 在 0.9 mg/L 内，NH_3-N 去除率在 95% 以上，TN 去除率稍低，在 60% ～ 80% 之间。

8．高效藻类塘处理技术

由同济大学陈广、黄翔峰、安丽等人开发出“高效藻类塘技术”，在宜兴市大埔洋渚村五庄建成 95 户生活污水处理示范塘，投资低于 2000 元 /t。因用连续搅拌装置使污水与藻类完全混合，运行费略高，但仍低于 0.6 元 /t。2004 年 9 月初建成投入运行，至 2005 年 5 月份经一、二级塘处理出水水质，COD_{Cr} 年均去除率 76.9%，TN 去除率 70% ～ 80%，NH_3-N 去除率达 90% ～ 97.2%，TP 去除率 60% 左右。出水全年平均数 COD_{Cr} 为 95mg/L，TN36mg/L，TP 偏高为 3.47mg/L（进水较高 4 ～ 14mg/L），冬天处理效果稍差。

9．势能增氧生态床技术

由河海大学陈鸣钊教授研发。该技术净化污水与河湖富营养水体效果显著。先后在白鹭洲、南京腊梅食品厂、扬州焦化厂莫愁湖、南湖等处应用，污水经净化出水基本达到《城镇污水处理厂污染物排放标准》（GB 18918—2002）一级 B 标准或二级标准，湖河水经过净化可消除水体微污染与富营养化问题，改善景观效果。

建设部对村镇生活污水处理提出了三项推荐方案

（1）生活污水生物接触氧化技术（适用于村镇生活污水处理）

生物接触氧化池由池体、填料、布水装置和曝气系统等部分组成。在有氧的条件下，依靠附着在填料上的生物膜，吸附污水中的有机污染物，并可使水中的氨氮完成硝化作用，使污水得到净化。其处理效果稳定，占地较少，运行管理简单。

（2）人工湿地污水处理技术（适用于各类小城镇简易处理）

污水经沉砂、初沉等预处理后，进入人工湿地系统。湿地表层种植生物量大、根系发达、输氧能力强、净化污水能力优异的水生植物，如芦苇、水葱、水烛、美人蕉等。利用此生态系统和填料上的生物膜，吸附、同化和降解水中污染物，从而净化污水。该技术处理效果稳定，工艺简单，工程造价较低，能耗低，管理方便，处理成本低，但是占地面积较大，处理效果受环境影响，长期运行存在堵塞问题。

（3）分散式人工湿地污水处理技术（适用于江南农村分散污水处理）

分户或联户建人工湿地污水处理池，垫卵石和粗泥砂，种植根系发达植物。砂卵石表面的微生物和植物根部吸附污水中的污染物。单户每池造价约800元，3年后清洗或更换卵石、粗砂，仍可继续使用。

五、江苏省建设厅组织的农村污水处理适用技术试点实例

江苏省建设厅近年来组织开展了农村生活污水相对集中处理试点工作，通过试点总结了数种适合农村实际的处理工艺。

1. 厌氧池—（接触氧化）—人工湿地技术

适用范围。适用于经济条件一般和对氮磷去除有一定要求的村庄。

技术简介：厌氧池—人工湿地技术利用原住户的化粪池作为一级厌氧池，再通过二级厌氧池对污水中的有机污染物进行消化沉淀后进入人工湿地，污染物在人工湿地内经过滤、吸附、植物吸收及生物降解等作用得以去除。厌氧池—接触氧化—人工湿地技术是在厌氧池—人工湿地技术上进行的改进，通过在厌氧池后增加接触氧化工艺段，提高有机物的去除率。厌氧池可利用现有三格式化粪池、净化沼气池改建。

工艺参数：一级厌氧池（厌氧活性污泥）处理，水力停留时间约30h，二级厌氧池（厌氧挂膜）水力停留时间约20h；化粪池水力停留时间约24～30h，接触氧化渠水力停留时间不小于3h；人工湿地水力停留时间不少于16h，水力负荷0.4～0.6$m^3/m^2 \cdot d$。

处理效果：厌氧池—人工湿地技术处理出水可达到《城镇污水处理厂污

定期清掏

生活污水 → 一级厌氧池 → 二级厌氧池 → 人工湿地 → 出水

灌溉

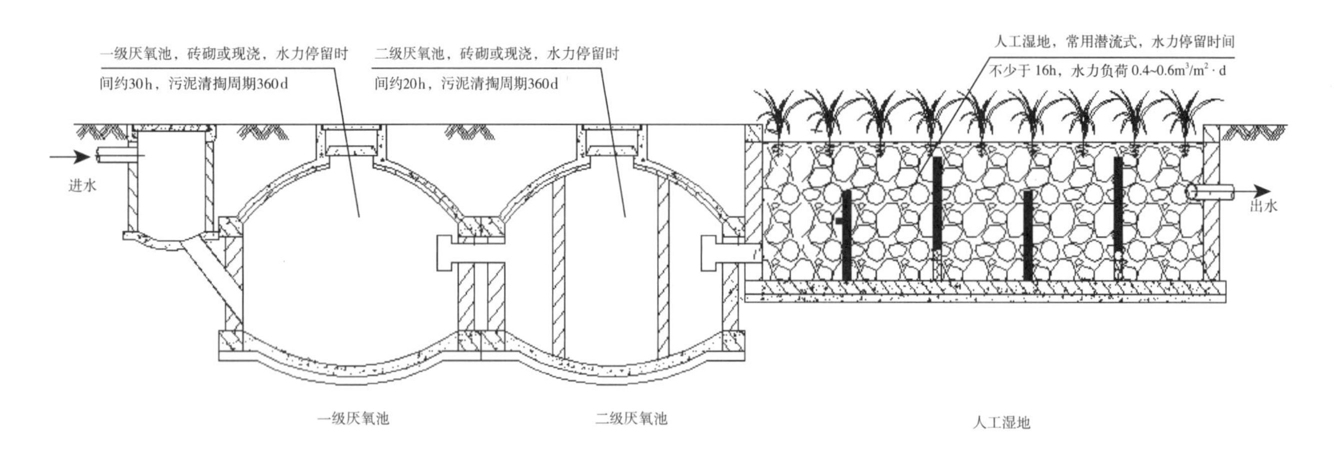

厌氧池体积＝日处理水量÷24h×停留时间

人工湿地面积＝日处理水量÷水力负荷

图 8-4　厌氧池—人工湿地工艺流程图

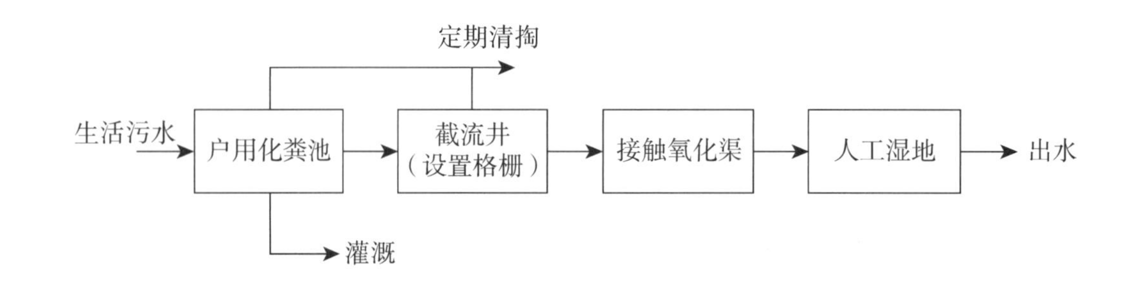

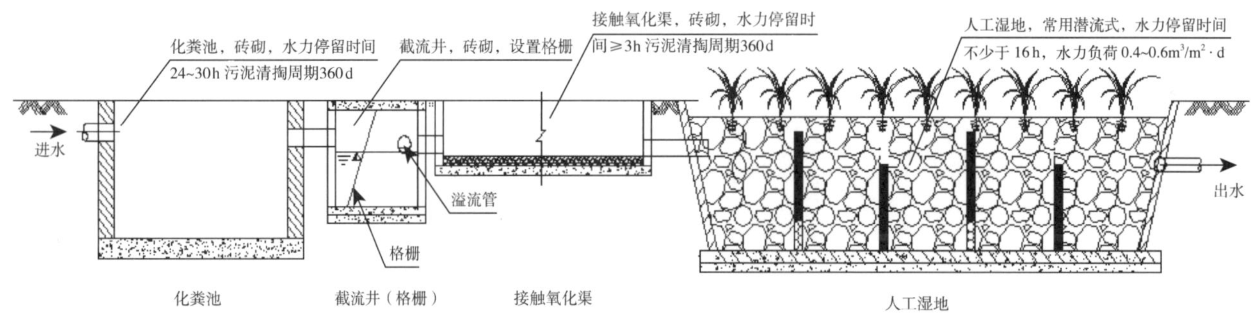

化粪池体积＝日处理水量÷24h×停留时间

接触氧化渠有效容积＝日处理水量÷24h×停留时间

人工湿地面积＝日处理水量÷水力负荷

图 8-5　厌氧池—接触氧化—人工湿地工艺流程图

染物排放标准》（GB 18918—2002）的二级标准。改进后的厌氧池—接触氧化—人工湿地技术改善了氨氮的去除效果，整体出水水质优于《城镇污水处理厂污染物排放标准》（GB 18918—2002）的二级标准。

投资估算：厌氧池—人工湿地系统户均建设成本约为800 ~ 1000元（不含管网），厌氧池—接触氧化—人工湿地技术户均建设成本约为800 ~ 1000元（不含管网），无设备运行费用。

运行管理：安排专人定期（每季度一次）对格栅井和人工湿地进水口的杂物进行清理；一级及二级厌氧池或化粪池每年清掏1次；冬季及时清理人工湿地内枯萎的植物。

工程实例：

南京市六合区横梁镇石庙村污水处理设施设计处理水量42.5t/d，污水利用原有雨污合流制管道收集，厌氧池为原有三格式化粪池，接触氧化渠利用自然沟渠建设，项目总投资6万元（接触氧化渠和人工湿地的土建费用）。常温下出水主要水质指标可达到《城镇污水处理厂污染物排放标准》（GB 18918—2002）一级B标准，低温季节出水主要水质指标可达到《城镇污水处理厂污染物排放标准》（GB 18918—2002）二级标准，化学需氧量（COD）、氨氮（NH_3-N）、总磷（TP）、悬浮物（SS）平均去除率分别可达到84%、76%、60%、50%。

图8-6　接触氧化渠实地表观

图8-7　接触氧化渠内部

图8-8　人工湿地（施工中）

图8-9　人工湿地（施工后）

2. 厌氧池—跌水充氧接触氧化—人工湿地技术

适用范围：适用于居住相对集中且有空闲地、可利用河塘的村庄，尤其适合于有地势落差或对氮磷去除要求较高的村庄，处理规模不宜超过150t/d。

技术简介：该组合工艺由厌氧池、跌水充氧接触氧化池和人工湿地三个处理单元组成。跌水充氧接触氧化利用水泵提升污水，逐级跌落自然充氧，在降低有机物的同时，去除氮、磷等污染物。跌水池出水部分回流反硝化处理，提高氮的去除率，其余流入人工湿地进行后续处理，去除氮磷。

村庄应尽可能利用自然地形落差进行跌水充氧，减少或不用水泵提升。跌水充氧接触氧化池可实现自动控制。

工艺参数：厌氧池水力停留时间12 ~ 30h；跌水充氧一般应有五级以上跌落，水力停留时间不宜少于2h，每级跌水

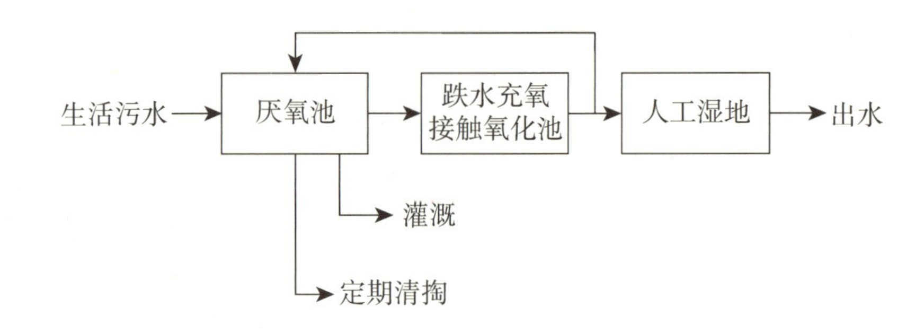

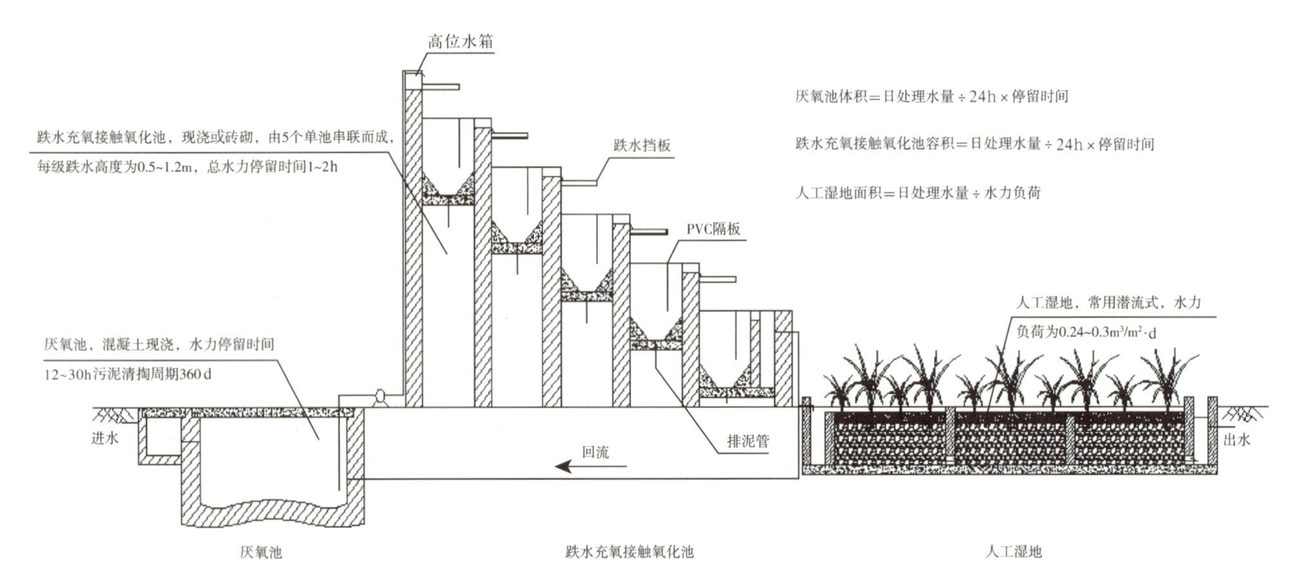

图 8-10　厌氧—跌水充氧接触氧化—人工湿地工艺流程图

图 8-11　跌水充氧接触氧化池

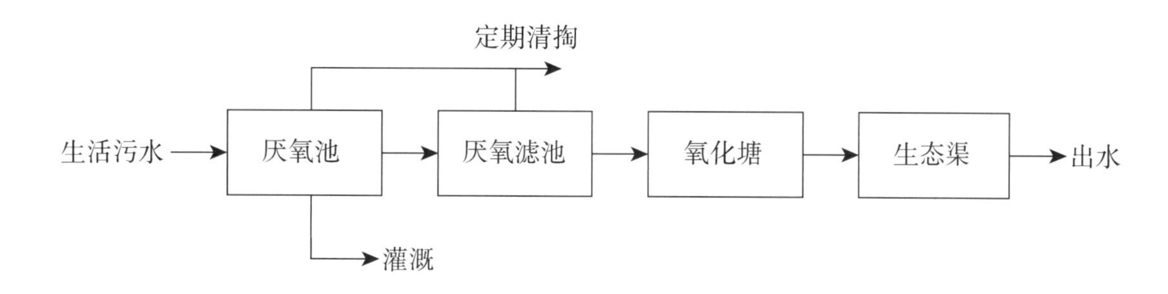

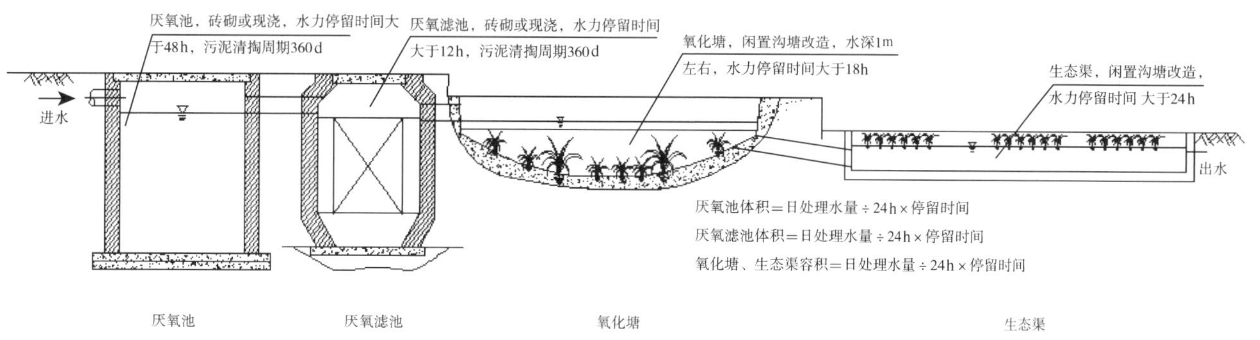

图 8-12　厌氧滤池—氧化塘—生态渠工艺流程图

高度为 0.5 ～ 1.2m；人工湿地水力负荷为 0.24 ～ 0.30m^3/m^2·d。

处理效果：常温下，出水水质可达到《城镇污水处理厂污染物排放标准》(GB 18918—2002）一级 B 标准；低温季节，出水水质可达《城镇污水处理厂污染物排放标准》二级标准。

投资估算：户均建设成本约为 1000 ～ 1200 元（不含管网），设备运行费用主要是提升污水消耗的电费，约为 0.1 ～ 0.2 元 / t。

运行管理：厌氧池每年清掏 1 次，跌水充氧可实现自动控制，一般不需手动操作管理，但应落实专人定期查看。高温季节，应及时清理跌水板上形成的较厚生物膜，防止其堵塞跌水孔隙；秋冬季，应及时清理跌水氧化池和人工湿地的枯萎植物、杂物，防止堵塞。

工程实例：

无锡市惠山区洛社镇铁路桥村陶埠漕自然村，200 多户，600 多人，处理规模 90t/d，工程占地 300m^2，装置建设费用 20 万元，其中厌氧池 + 跌水充氧接触氧化池建设费用 12 万元，人工湿地建设费用 8 万元，设备运行费用（水泵运行电费）约为 0.06 元 /t。常温下出水主要水质指标可达到《城镇污水处理厂污染物排放标准》(GB 18918—2002）一级 B 标准，低温季节出水主要水质指标可达到《城镇污水处理厂污染物排放标准》(GB 18918—2002）二级标准。常温下当化学需氧量（COD）浓度大于 100mg/L 时，化学需氧量（COD）的平均去除率大于 75%，总氮平均去除率大于 70%；总磷（TP）进水浓度大于 1.5mg/L 时，平均去除率大于 82%；总磷（TP）进水浓度低于 1.5mg/L 时，平

图 8-13　氧化塘

图 8-14　水培植物净化渠

图 8-15　跌水

图 8-16　生态渠

均去除率大于 72%（出水平均浓度低于 0.3mg/L）；氨氮（NH_3-N）平均去除率大于 95%。

3. 厌氧滤池—氧化塘—生态渠技术

适用范围：适用于有自然池塘或闲置沟渠且规模适中的村庄，处理规模不宜超过 200t/d。

技术简介：生活污水经过厌氧池和厌氧滤池，截留大部分有机物，并在厌氧发酵作用下，被分解成稳定的沉渣；厌氧滤池出水进入氧化塘，通过自然充氧补充溶解氧，氧化分解水中有机物；生态渠利用水生植物的生长，吸收氮磷，进一步降低有机物含量。

该工艺采用生物、生态结合技术，可利用村庄自然地形落差，因势而建，减少或不需动力消耗。厌氧池可利用三格式化粪池改建，厌氧滤池可利用净化沼气池改建，氧化塘、生态渠可利用河塘、沟渠改建。生态渠通过种植经济类的水生植物（如水芹、空心菜等），可产生一定的经济效益。

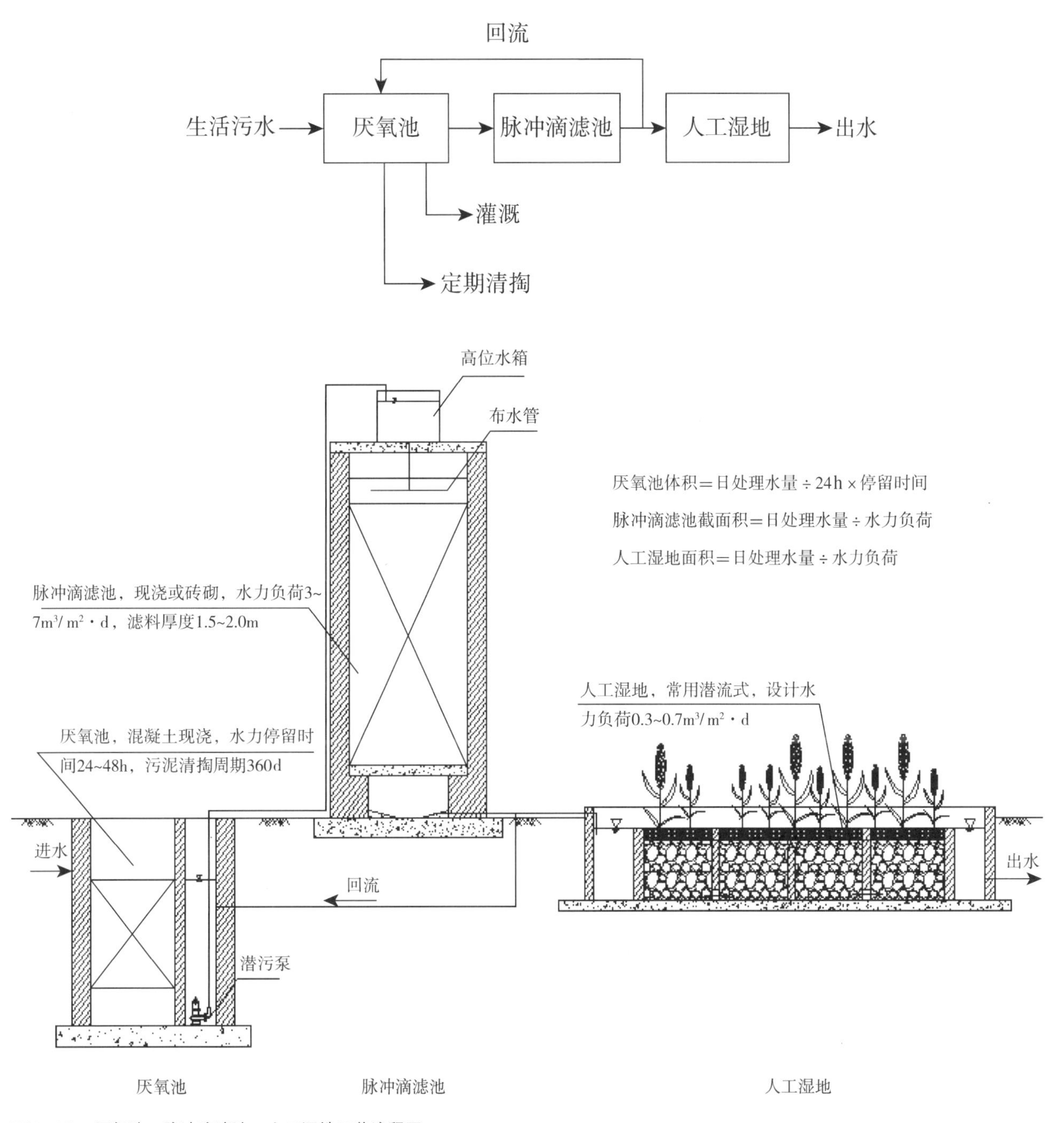

图 8-17　厌氧池—脉冲滴滤池—人工湿地工艺流程图

工艺参数：厌氧池停留时间不少于 48h，厌氧滤池停留时间不少于 12h；氧化塘水深 1m 左右，停留时间不少于 18h；生态渠停留时间不少于 24h。

处理效果：常温下，出水水质可达到《城镇污水处理厂污染物排放标准》一级 B 标准；低温季节，出水水质可达《城镇污水处理厂污染物排放标准》二级标准。

投资估算：户均建设成本约为 800 ~ 1000 元（不含管网），无设备运行费用。

运行管理：日常安排专人不定期维护，清理杂物，水生植物生长旺季及时收割，厌氧池和厌氧滤池每年清掏 1 次。

工程实例：

南京市江宁区禄口街道石埝村污水处理工程设计规模 150 户，设计处理水量为 52.5t/d。厌氧滤池利用原有的净化沼气池，氧化塘 + 植物生态渠土建费用约 12 万元，每月曝气机运行电费约为 30 元。常温下出水主要水质指标可达到《城镇污水处理厂污染物排放标准》（GB 18918—2002）一级 B 标准，低温季节出水主要水质指标可达到《城镇污水处理厂污染物排放标准》（GB 18918—2002）二级标准。常温下当化学需氧量（COD）浓度大于 100mg/L 时，化学需氧量（COD）的平均去除率大于 80%；氨氮（NH_3-N）平均去除率大于 70%；总磷平均去除率大于 75%。

4. 厌氧池—脉冲滴滤池—人工湿地技术

适用范围：适用于拥有自然池塘、居住集聚程度较高、经济条件相对较好的村庄，尤其适合于有地势落差或对氮磷去除要求较高的村庄。

技术简介：该组合工艺由厌氧池、脉冲滴滤池和潜流人工湿地三个处理单元组成。污水经过厌氧池降低有机物浓度后，由泵提升至脉冲滴滤池，与滤料上的微生物充分接触，进一步降解有机物，同时可自然充氧，滤后水部分回流反硝化处理，提高氮的去除率，其余流入人工湿地或生态净化塘进行后续处理，去除氮磷。

本工艺中水泵及生物滤池布水均可实现自动控制。有地势落差的村庄可利用自然地形落差滴滤，减少或不用水泵提升。

工艺参数：厌氧池水力停留时间 24 ~ 48h；滴滤池水力负荷 3 ~ 7$m^3/m^2 \cdot d$，布水周期为 20 分钟；人工湿地设计水力负荷 0.3 ~ 0.7$m^3/m^2 \cdot d$。

处理效果：常温下，出水水质可达到《城镇污水处理厂污染物排放标准》一级 B 标准；低温季节，出水水质可达《城镇污水处理厂污染物排放标准》二级标准。

投资估算：户均建设成本约为 1200 ~ 1500 元（不含管网），设备运行费用主要是提升污水消耗的电费，约为 0.1 ~ 0.2 元 /t。

运行管理：安排专人定期对厌氧池和人工湿地进水口的杂物进行清理；定期对水泵、控制系统等进行检查与维护；厌氧池每年清掏 1 次。

工程实例

宜兴大浦、无锡惠山等地采用该组合工艺。以无锡市惠山区阳山镇阳山村工程为例，工程设计规模为 70 户，设计处理水量为 20t/d。工程建设费用为 10.58 万元，其中厌氧池 1.52 万元、生物滤池 4.01 万元、人工湿地 5.05 万元。常温下出水主要水质指标可达到《城镇污水处理厂污染物排放标准》(GB 18918—2002) 一级 B 标准，低温季节出水主要水质指标可达到《城镇污水处理厂污染物排放标准》(GB 18918—2002) 二级标准。化学需氧量（COD)、氨氮（NH_3-N)、总氮（TN)、总磷（TP）平均去除率分别可达到 80%、95%、80%、80%。

5. 地埋式微动力氧化沟技术

适用范围：适用于土地资源紧张、集聚程度较高、经济条件较好的村庄。

技术简介：该污水处理装置组合利用沉淀、厌氧水解、厌氧消化、接触氧化等处理方法，进入处理设施后的污水，经过厌氧段水解、消化，有机物浓度降低，再用泵提升同时对好氧滤池进行射流充氧，氧化沟内空气由沿沟道分布的拔风管自然吸风提供。已建有三格式化粪池的村庄可根据化粪池的使用情况适当减小厌氧消化池的容积。该装置全部埋入地下，不影响环境和景观。

工艺参数：厌氧消化池水力停留时间不少于 10h；厌氧滤池水力停留时间不少于 16h；好氧滤池水力停留时间不少于 5h。

处理效果：出水中的 COD、SS 和总磷指标可达到《城镇污水处理厂污染物排放标准》(GB 18918—2002) 的一级 B 标准；氨氮去除效果受射流充氧和氧化沟自然拔风效果的影响较大。

投资估算：系统户均建设成本约为 1000 ~ 1200 元（不含管网)，设备运行费用主要是提升污水消耗的电费，约为 0.1 ~ 0.2 元 /t。

图 8-18　阳山村脉冲滴滤池实景图

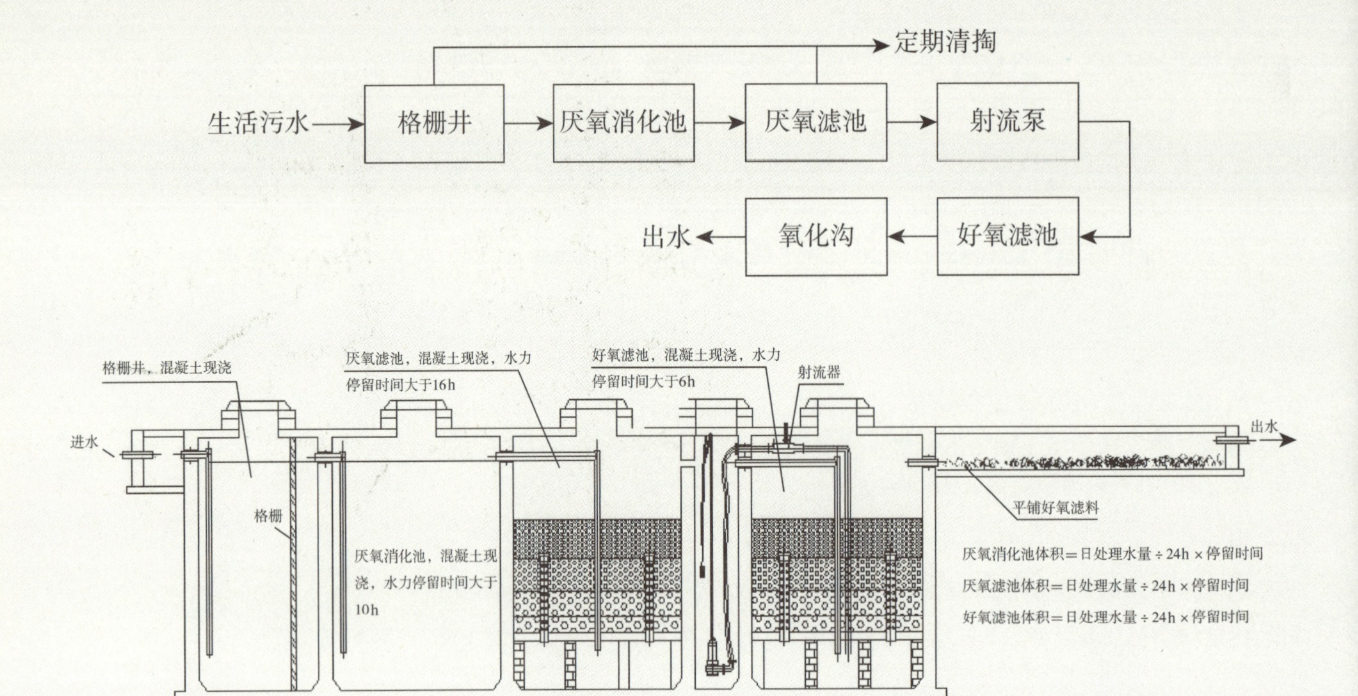

图 8-19　地埋式微动力氧化沟工艺流程图

图 8-20
淞南村污水处理设施实景图

运行管理：需安排专人定期对水泵、控制系统等进行检查与维护。

工程实例

苏州市吴中区甪直镇淞南村采用地埋式微动力氧化沟工艺处理该村所辖大厍老村、袁家浜、富丽新村三个农民居住区 209 户居民和农业观光园的生活污水，设计处理水量 200t/d。由于地表水位较高，采用二级提升，工程建设费用约为 35 万元，设备运行成本约为 0.2 元 /t。出水水质可达到《城镇污水处理厂污染物排放标准》（GB 1891—2002）一级 A 标准。

六、在村庄规划中的应用

在村庄规划中，要根据当地经济发展和生产生活特点，科学预测污水量；根据排水系统出水受纳水域的功能要求，确定污水排放标准，因地制宜地选择污水处理工艺（化粪池简单处理、常规生物处理、生态处理等），并结合村庄地形地势、生态资源等，合理安排污水处理设施。

规模较大、相对集聚的村庄，可采用相对集中的污水处理方式，污水处理设施选址应根据地形地貌，合理利用现有水体，结合村庄景观综合考虑，管网布置尽量利用重力流，以降低运营成本。规模较小、相对分散的村庄，可采用沼气池。以一产为主的村庄，在处理方式的选择上要考虑污水回用。

第九章　生活垃圾处理

一、农村生活垃圾的构成

农村生活垃圾的成分因村庄的经济状况差异而存在很大不同，一般来说，包括可利用或就地填埋的瓦砾砖块、可就地堆肥或制沼气的菜叶瓜皮及厨余垃圾等易腐有机物，可收集降解的塑料橡胶制品，可回收利用的金属玻璃制品和需单独集中处理的废弃电池、农药瓶等，其中以厨房剩余物为主。

对江苏宜兴市原大埔镇农村生活垃圾情况的调查，易腐有机质垃圾占42.5% ~ 53.9%，无机垃圾16.1% ~ 37.3%，可回收的废品垃圾占19.7% ~ 29.7%，其他有毒有害垃圾占0.3% ~ 0.5%；对丹阳市群楼村生活垃圾组成的调查分析结果表明，易腐有机质垃圾所占比例为30.9%，无机垃圾占50.32%，可回收的废品垃圾占18.57%，其他有毒有害垃圾占0.21%。

太湖流域农村生活垃圾典型组分　　表9–1

类别	易腐有机物		无机物			可回收物						其他有毒有害物质
分类	动物	植物	贝壳	石块	细土	纸	布	木	塑料	玻璃	金属	废灯管、废日用化学品等

太湖流域农村生活垃圾各组分比例（%）　　表9–2

地区	易腐有机物	无机物	可回收物	其他
宜兴市大浦镇洋渚村、渭渎村	53.9	16.1	29.7	0.3
宜兴市大浦镇四庄村	42.5	37.3	19.7	0.5
丹阳市新桥镇群楼村	30.9	50.32	18.57	0.21
平均	44.7	35.0	20.0	0.3

二、农村生活垃圾产量

各地农村条件（生活习惯、经济状况、季节变化等）不同，生活垃圾排放量有所不同。一般来说，经济越发达、城市化程度越高的地区，垃圾排放量越高；夏季有机垃圾量比其他季节多，北方冬季煤渣量增加（冬季供暖）。农村生活垃圾的人均产量明显低于城市，人均产生量一般在 0.1kg/ 人 · d ～ 1.0kg/ 人 · d 之间。

三、农村生活垃圾处理模式

生活垃圾成分复杂，处理方式受经济发展水平、能源结构、自然条件及传统习惯等因素的影响，很难有统一的模式，但最终都是以减量化、无害化、资源化为处理目标。一般而言，农村生活垃圾宜采用“户分类、组保洁、村收集、镇转运、县（市）处理”的城乡统筹处理模式；在偏远、分散村庄地区，宜以就地分类减量处理为主。

1. 农村生活垃圾治理的基本原则

（1）坚持垃圾治理与资源利用结合原则。既要注重防治农村垃圾污染，采取清扫、清运、处理等治理措施，保持农村的良好环境卫生，更要区分不同成分的垃圾，对可回填覆土、堆肥利用、能源转换的垃圾尽可能以适当方式区别处理和利用。

（2）坚持因地制宜与就近处理结合原则。针对村庄自然条件、产业特点、生活状况和经济实力等实际情况，应统筹低成本运行、高效率处理的要求，具体选择垃圾处理模式和技术路线。

（3）坚持设施共建与服务共享结合原则。农村地区大都经济能力相对薄弱，地方财力有限，环卫设施相对滞后。不可能也没有必要一镇一村地建立“垃圾收集—垃圾转运—垃圾处置”的垃圾处理完整系统，因此，要重点建立并形成“设施互补、设备配套、服务衔接”的垃圾处理系统，以实现设施共建、资金共担、服务共享的目的。

（4）坚持政府投入与市场运行结合原则。既要加强县、乡两级政府的财政支持，注重村级集体经济对环卫投入，又要按照“谁排污、谁付费”要求，实行环卫设施有偿服务，更要按照“谁投入、谁收益”原则，通过建立市场化机制，吸引社会各种资金、社会力量、社会资源参与农村垃圾治理与环境建设。

2. 垃圾收运体系建设

（1）户分类

农村生活垃圾的组成特点适合首先就地分类减量。户分类是农村生活垃圾减量化、资源化的基础，采取就地分类减量和分类处理办法，可大幅度减少垃圾运输量和处理量，既有效节省了运输成本和处理成本，又可获得优质有机肥源和实现可再生资源回收利用。

农村居民有自发的减量化习惯，例如，纸张、塑料、玻璃瓶等可回收垃圾会累积等小贩收购，泔水、菜叶等有机垃圾喂猪；树叶、植物杆、藤等烧制火土灰还田等。垃圾分类越细，越有利于垃圾回收利用和处理，但是，分类过细，劳动强度大，操作成本高。因此，应根据农村生活垃圾组成、处理方式以及垃圾处理设施的建设情况，确定合适的垃圾分类标准。在积极推进“组保洁、村收集、镇转运、县（市）处理”的垃圾收集处置模式的同时，应积极鼓励垃圾源头的分类收集，将可回收的废品、易腐有机物和无机物分开，以便分别采取回收、堆肥、作建筑材料、填埋等措施综合处理生活垃圾。

(2) 组保洁

组保洁是指以村民小组或小型自然村为单位，组织对本单位公共区域的环境卫生和垃圾收集点的卫生进行清理。

(3) 村收集

村收集是以行政村为单位，组织收集辖区范围内的垃圾，可转运到镇中转站，也可集中到一个或几个集中点。

(4) 镇运转

由乡镇一级负责各村的收集点垃圾中转，并运输至县(市)垃圾处理中心。对纸类、塑料、废金属等可回收物由当地废品回收站处理。垃圾中转设施建设、垃圾转运设备配置、环卫作业人员主要由乡镇政府解决，垃圾中转费用由财政支付或向各村收取。

(5) 县（市）处理

由县级政府部门负责根据经济发展、土地资源和垃圾成分组成等实际情况建立垃圾卫生填埋场或垃圾焚烧场等，作为垃圾最终无害化处理场所，建设垃圾无害化处理场及所需建设资金，主要由县级政府通过财政投入或引进民资解决，日常垃圾处理费用由相关各乡镇、村支付。

四、垃圾资源化利用方式

堆肥

垃圾堆肥处理是在人为控制的条件下，将垃圾中的可降解成分在微生物作用下转化为稳定的腐殖质，使垃圾成为可施于农田的改良剂的过程，可以实现垃圾无害化、减量化和资源化，适用于可生物降解的有机物含量大于 40% 的垃圾。优质垃圾堆肥用于农业生产，不仅可增加土壤腐殖质和养分，而且堆肥中有机质与土壤结合，可使黏质土壤疏松，对砂质土壤则促进其结成团粒，以致改良土壤结构，提高土壤通风、保水和培肥的功能，同时能促进植物根系的增长。在化肥大量被应用之前，垃圾堆肥技术在农村曾经被广泛采用，是农民增加土壤肥力的重要手段。据专项研究表明，优质堆肥施用适量，一般均有较好的增产作用，尤其用于中低肥力的菜地或新菜地，增产效果更好，而且可提高蔬菜品质，降低烂菜率，增加蔬菜中钙、钾含量，明显降低硝酸盐、亚硝酸盐含量。优质垃圾堆肥对水稻、马铃薯、萝卜增产效果较为明显。

根据堆肥过程中对氧气需求的不同，堆肥工艺分为好氧堆肥、厌氧堆肥。

好氧堆肥是以好氧菌为主的微生物对垃圾中的有机废物进行吸收、氧化、分解的生化降解，而使其转化为腐殖质的一种方法。好氧堆肥对有机物分解速度快，降解彻底，可以杀灭病原体、虫卵和垃圾中的种子，堆肥周期短，但运转费用较高。现代化的堆肥生产一般采用好氧堆肥工艺，它通常由前处理、主发酵（一次发酵）、后发酵（二次发酵）、后处理及储藏等工序组成。

厌氧堆肥是在不通气的条件下，将有机废弃物进行厌氧发酵，制成有机肥料，使固体废弃物无害化的过程，堆肥方式与好氧堆肥法相同，但堆内不设通气系统，堆温低，腐熟及无害化所需时间较长，占地面积大。

下图是一种适合农村的环保型厌氧堆肥系统。这种简易装置不受场地限制，造价便宜，采用经济的 HDPE 或者 PVC 膜，用膜与外界隔绝，顶部设置沼气管，对沼气进行收集利用。堆肥腐化成熟以后，堆体可拆除，土地仍正常再利用。

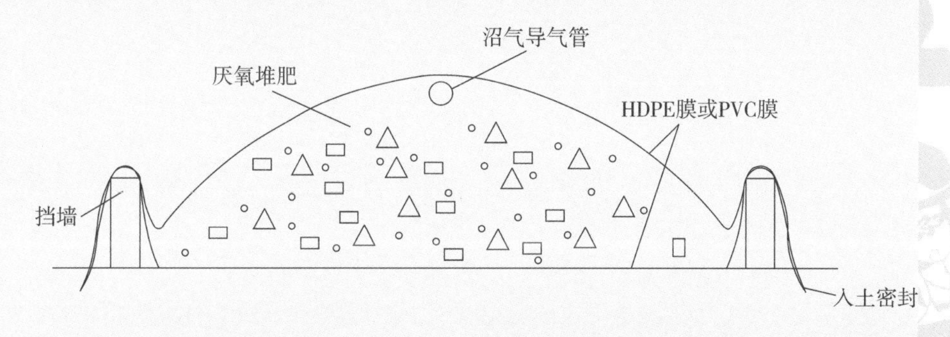

家庭堆肥处理可在庭院或农田中采用木条等材料围成约 1m^3 空间堆放可降解的有机垃圾，堆肥时间不宜少于 2 个月。庭院里进行家庭堆肥处理可用土覆盖。村庄集中堆肥处理，宜采用条形堆肥方式，时间宜不少于 2 ～ 3 个月。条形堆肥场地可选择在田间、地头或草地、林旁进行。

五、在村庄规划中对生活垃圾处理的考虑

村庄生活垃圾收集应实行垃圾袋装化，按照“户分类、组保洁、村收集、镇转运、县（市）处理”的垃圾收集处置模式，结合村庄规模、集聚形态确定生活垃圾收集点和收集站位置、容量。垃圾收集点和收集站的选择既要便于起运，又要处理好与村民生活习惯的关系，防止二次污染，可沿村庄内部道路合理设置。垃圾收集设施宜防雨、防渗、防漏，密闭式垃圾收集点可根据需要采用垃圾桶、垃圾箱等多种形式。积极鼓励农户利用有机垃圾作为肥料，实现生活垃圾分类收集和有机垃圾资源化。

第十章　清洁能源利用

一、太阳能

太阳能是一种清洁、卫生、经济、对环境无污染而又取之不竭的清洁能源，农村建筑层数少，土地利用强度低，单位建筑面积的光电、光热转换面积系数大，应大力提倡积极利用太阳能，如太阳能温室、太阳能灶和太阳能热水器等。

1. 太阳能热水器

太阳能热水器通过太阳能集热器将太阳辐射能转变为热能来提高水温，是目前城乡应用最多、技术最成熟的一种太阳能热利用装置。由于太阳能热水器设施简单、安装方便、价格低廉等优点，很适合在农村推广应用，这对缓解农村能源短缺、改善农村生态环境和提高农民生活水平起到积极的直接效果。

太阳能热水器按使用分类，可分为季节性热水器、全年性热水器以及有辅助热源的全天候太阳能热水器；按集热器原理和结构可分为平板型热水器和真空管热水器；按工质流动方式不同，一般分为闷晒型、循环型和直流型三种。目前家庭最常用的是真空管热水器。

按中等日照条件概算，太阳能热水器每平方米采光面积每天获得的有效热能为11.5MJ。按使用天数不同。一台1m^{2}采光面积的太阳能热水器和使用其他能源的热水器相比，一年节约的能源量如下表所示。

1台1m^{2}的太阳能热水器一年的节能量　　　　表10-1

每年使用天数	常规能源节约量			
	煤（kg标准煤）	液化气（kg）	管道煤气（m^3）	电能（kW·h）
150	196	68.2	183	305
250	327	113.6	305	842

2. 太阳灶

太阳灶是利用太阳能辐射，通过聚光获取热量，进行炊事烹饪食物的一种装置。按原理结构分类，太阳灶大致上分为闷晒式（箱式）、聚光式和热管传导式三种类型。

闷晒式太阳灶又叫“箱式太阳灶”，它的工作方式是置于太阳光下长时间地闷晒，缓慢地积蓄热量，箱内温度一般可达 120 ～ 150℃，适合于闪蒸食品或作为保温器和医疗器具的消毒用。箱内温度受风速影响较大，为防止热损失，使用时要注意放置在向阳背风的地方。一般夏日阳光好时，闷熟米饭大约需要 3 小时，一天可做午、晚两顿饭。虽然闷晒时间较长，但不用人看管，并具有较好的保温性。

聚光式太阳灶是将较大面积的阳光聚焦到锅底，使温度达到较高的程度，以满足炊事要求，根据我国推广太阳灶的经验，设计一个 500 ～ 700W 功率的聚光式太阳灶，通常采光面积约为 1.5 ～ 2.0m^2。这种太阳灶的关键部件是聚光镜，不仅有镜面材料的选择，还有几何形状的设计。最普通的反光镜为镀银或镀铝玻璃镜，也有铝抛光镜面和涤纶薄膜镀铝材料等，我国农村推广的聚光式太阳灶大部分为水泥壳体加玻璃镜面，造价低，便于就地制作。镜面除采用旋转抛物面反射镜外，还有将抛物面分割成若干段的反射镜，或做成连续的螺旋式反光带片，可折叠，便于携带。

热管式太阳灶分为室外收集太阳能的集热器（即自动跟踪的聚光式太阳灶）和热管两个部分。热管是一种高效传热件，利用管体的特殊构造和传热介质蒸发与凝结作用，把热量从管的一端传到另一端。热管式太阳灶是将热管的受热端置于聚光太阳灶的焦点处，而把释热端置于散热处或蓄热器中，从而将

图 10-1　聚光式太阳灶

图 10-2　热管式太阳灶

太阳热从户外引入室内，使用较为方便。有的将蓄热器置于地下，利用大地作绝热保温器，其中填以硝酸钠、硝酸钾和亚硝酸钠的混合物作蓄热材料。当热管传给的热量熔化了这些盐类，盐溶液就把蛇形管内的载热介质加热，载热介质流经炉盘，炉盘受热即可作炊事用。

3. 太阳能干燥技术

太阳能干燥装置干燥农副产品能缩短干燥周期，提高被干燥物的质量。太阳能干燥器分为温室型、空气集热器型两类。

温室型太阳能干燥器是将太阳辐射能透过干燥器的透明盖板直接投射在待干物料上，使之加热。由于温室作用，干燥器内的温度较高，物料蒸发的水分依靠自然通风或风机送风的方式被排出。

集热器型太阳能干燥器，又称对流式太阳能干燥器，一般不直接接受太阳辐射，而是利用空气集热器把空气预热到需要的温度后，通过干燥室进行干燥作业。根据空气集热器与干燥室的组合方式，又可分为集热器与干燥室分开式和整体式两种。

4. 太阳能棚室

太阳能棚室在我国有着广泛的应用，按用途分为栽培棚室和养殖棚室，栽培棚室广泛用于种植水果、花卉、药材、蔬菜、林苗等，养殖棚室一般用于北方寒冷地区的畜禽饲养、热带水产品种植养殖等。

太阳能棚室通常要求保温、保湿、采光和通风。我国农村建立的棚室类型很多：从外形上看，可分为单面窗式、双面窗式、马鞍形、圆形、多角形等；

图 10-3　太阳能棚室

按温度分，有高温型（18 ~ 30℃）、中温型（12 ~ 20℃）、低温型（7 ~ 16℃）、冷式（0 ~ 10℃）等，适用于不同种类种植需要；按结构用料，可分为竹木结构、竹木水泥结构、钢筋水泥结构、钢管结构和GRC抗碱玻纤水泥骨架结构等。

二、沼气

沼气是有机物质在厌氧环境中，在一定的温度、湿度、酸碱度的条件下，通过微生物发酵作用，产生的一种可燃气体。沼气含有多种气体，主要成分是甲烷（CH_4）。户用沼气技术是以农户生活和生产活动中的有机废弃物为发

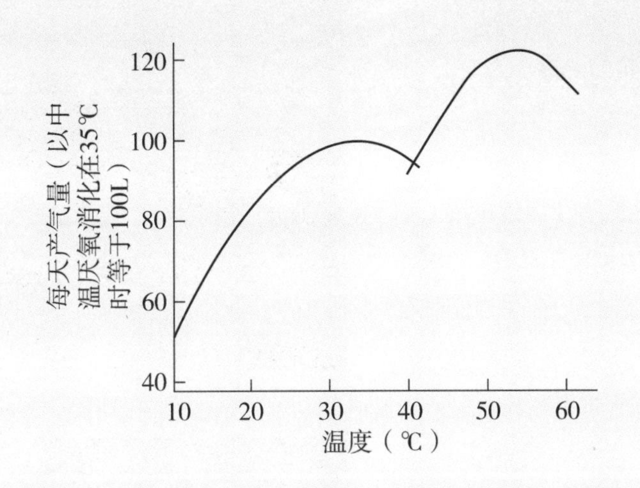

图 10-4　沼气池每天产气量

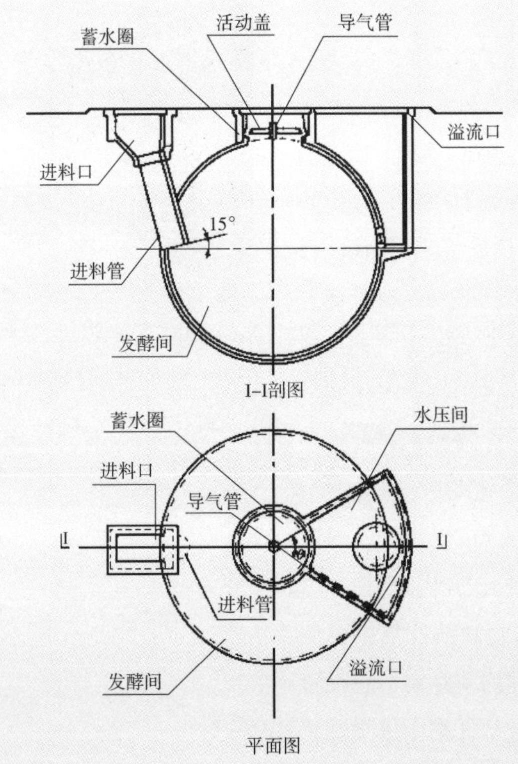

图 10-5　沼气池构造图

酵原料，制取沼气并取得多种厌氧消化物，为农户提供优质生活用能，为种植业提供优质有机肥，并能改善环境。

水压式沼气池，是我国推广最早、数量最多的池型。这种池型一般采用圆柱形池体，受力性能良好，省工省料，成本较低；适于装填多种发酵原料，特别是大量的农作物秸秆，有利于农村积肥；厕所、猪圈可以建在沼气池上面，方便进料。

沼气池夏天一昼夜每立方米池容约可产气 0.15m^3，冬季约可产气 0.1m^3，一般农村五口人的家庭，每天煮饭、烧水约需用气 1.5m^3（每人每天生活所需的实际耗气量约为 0.2m^3，最多不超过 0.3m^3）。农村建池，每人平均按 1.5 ~ 2m^3 的有效容积计算较为适宜（有效容积一般指发酵间和储气箱的总容积）。沼气的产生受温度限制较大，北方地区应适当放大容积，南方地区可适当减小容积。

一般来说，一口 8 ~ 10m^3 的新型高效沼气池，投资约1500元，全年产沼气 380 ~ 450m^3，可解决 3 ~ 5 口人的农户 10 ~ 12 个月的生活燃料，节煤 2000kg，节电 200 度左右，全年可节约燃料费 300 元，节约电费 100 元。

右图是江苏省涟水县农村的户用沼气应用情况：

图 10-6　沼气饭煲

图 10-7　沼气灶

图 10-8　沼气灯

三、秸秆汽化

我国是一个农业大国，生物质能资源极其丰富。每年农作物秸秆产量约 7 亿 t，其中的一半可作为能源使用，折合 1.5 亿 t 标准煤；树木枝桠和林业废弃物可获得量约 9 亿 t，1/3 作为能源使用，折合 2 亿 t 标准煤，每年可利用的生物质能资源潜力巨大。秸秆汽化是一种生物质热解汽化技术，就是秸秆原料在缺氧状态下燃烧，使生物质发生化学反应，生成高品位、易输送、利用效率高的气体燃料。生物质由碳氢化合物组成，在生物质汽化的过程中经过热解、燃烧和还原反应，转化为一氧化碳和氢等可燃气体。目前，发达国家已将生物质汽化技术及其产品用于工农业生产及居民生活，特别是西欧和美国已将汽化技术广泛用于区域取暖、发电、炊事等诸多领域，有的已形成了较大的产业规模。

在国内，以山东省能源所为代表研发的农村秸秆集中供气系统得到了较大的推广应用，已建成供气工程约 300 家，总投资额达亿元以上；国内已有几十家单位从事农村秸秆集中供气装置的生产、销售。秸秆汽化集中供气技术，由汽化机组、燃气输配系统和用户燃气系统三部分组成，秸秆经粉碎后入炉，生成的可燃气体经过净化器除去灰尘、焦油等杂质后，由风机送至气柜。气柜储存一定量的燃气，并平衡系统中燃气负荷的波动，为系统提供恒定的压力，从而保证用户灶具的稳定燃烧。气柜中的燃气通过铺设在地下的管网分配到系统中的每个用户，综合热效率达 40% 以上，比直接燃烧秸秆热效率 10% 要高出 3 倍多。

但是，秸秆汽化供气技术应用目前也存在一些问题。首先，我国大量推广应用的农村秸秆供气系统，都是以空气介质生产的低热值生物质燃气。这种煤气中的可燃成分以 CO 为主，其含量超过国家规定的民用燃气标准，用这种燃气做炊事用气，存在着一定安全隐患。其次，由于燃气值低，燃烧后的废气，对环境污染较大。此外，我国秸秆汽化机组使用中最大的问题是焦油的清除和处理。焦油清除不净，送气管道在使用过程中，容易被堵塞；生产过程中脱离出来的焦油数量少，难以再回收利用，如果排放出来，会造成环境污染。焦油裂解是解决焦油污染问题的有效方法，但只有当焦油量大幅度降低后，含焦油废水问题才能解决。而在目前的工艺水平下，很难保证焦油能完全裂解，需要一定程度的水洗，因此需进一步加强气化废水处理和循环再利用。

图 10-9　江苏省涟水县农村的秸秆汽化机组和储气罐

四、村庄规划中对清洁能源的应用

村庄应以发展清洁能源、提高能源利用效率为目标，因地制宜大力推广太阳能、秸秆制气、沼气的利用。在住宅设计中，有条件的村庄应尽可能利用太阳能，并在保障功能的前提下，使太阳能设置与村庄空间特色相协调，确定太阳能的安装位置和形式标准，分户或集中设置太阳能热水装置。在沼气的利用上，认真研究村庄的产业结构，对种植业村庄、畜牧业村庄，重点推广集中沼气池，这样既节约成本，又能把家庭畜禽养殖与居住分离，有利于提高村庄居住环境。此外，秸秆制气技术已趋于成熟，可根据村庄的产业结构，在合适的地区推广秸秆制气。

参考文献

[1] 金其铭 . 农村聚落空间 . 社会出版社，1988.

[2] 高文杰，邢天河，王海乾等著 . 小城镇发展与规划 . 中国建筑工业出版社，2004.

[3] 方明，董艳芳等著 . 新农村社区规划设计研究 . 中国建筑工业出版社，2006.

[4] 方明，邵爱云等著 . 新农村建设村庄治理研究 . 中国建筑工业出版社，2006.

[5] 王其钧 . 图解中国民居 . 中国电力出版社，2008.

[6] 段进等著 . 世界文化遗产西递古村落空间解析 . 东南大学出版社，2006.

[7] 建设部城乡规划司，江苏省建设厅组织编写 . 村镇建设基础知识与实践 . 河海大学出版社，2004.

[8] 金其铭 . 中国农村聚落地理 . 江苏科学技术出版社，1989.

[9] 金其铭，董昕，张小林 . 乡村地理学 . 江苏教育出版社，1990.

[10] 周致元 . 皖南古村落 . 中国旅游出版社，2005.

[11]《中国建筑史》编写组 . 中国建筑史 . 中国建筑工业出版社，1993.

[12] 叶齐茂 . 欧盟十国农村见闻录 . 互联网 .

[13] 赵之枫 . 城市化加速时期村庄集聚及规划建设研究 . CCPD 博硕士论文库，2001.

[14] 刘沛林 . 古村落：和谐的人聚空间 [M]. 江苏科学技术出版社，1988.

[15] 胡月萍 . 传统城镇街巷空间探悉 . CCPD 博硕士论文库，2002.

[16] 江苏省村庄规划导则，2008 年版 .

[17] 徐坚 . 浅析中国山地村落的聚居空间 [A]. 山地学报，2002.

[18] 王富更 . 村庄规划若干问题探讨 . 城市规划学刊，2006.

[19] 方明，董艳芳，白小羽，陈敏 . 注重综合性思考，突出新农村特色——北

京延庆县八达岭镇新农村社区规划 . 建筑学报，2006.
[20] 洪艳，邵晓萍 . 新农村建设之新村庄规划设计探索——以宁波鱼山头村为例 [B]. 浙江建筑，2007.
[21] 马宁，汪晓春 . 新型农村村庄规划初探 [A]. 山西建筑，2006.
[22] 申翔 . 江苏省村庄建设与发展调研 . 城市规划，2006.
[23] 韩俊 . 走出新农村建设的误区 . 山西农业，2006.
[24] 韩俊 . 推进社会主义新农村建设需要把握的若干问题 . 小城镇建设，2006.
[25] 陈荣亮 . 浅谈村庄规划与建设 . 江苏城市规划，2006.
[26] 江苏省村镇建设服务中心 . 东台市溱东镇草舍村村庄建设规划，2006.
[27] 东南大学城市规划设计研究院 . 金坛市西港镇沙湖村村庄建设规划，2006.
[28] 东南大学城市规划设计研究院 . 溧水县和凤镇张家村村庄建设规划，2007.
[29] 东南大学城市规划设计研究院 . 绵竹市广济镇卧云村五组村庄规划，2008.
[30] 常州市规划设计院 . 溧阳市天目湖镇桂林村村庄建设整治规划，2006.
[31] 江苏省城市规划设计研究院 . 句容市后白镇后白村村庄建设规划，2006.
[32] 江苏省城市规划设计研究院 . 苏州东山镇陆港村村庄建设规划，2006.
[33] 江苏省城市规划设计研究院 . 丰县大沙河镇陈家村村庄建设规划，2007.
[34] 泰州市规划设计院 . 兴化市大垛镇管阮村村庄建设规划，2006.
[35] 无锡市规划设计院 . 宜兴市西渚镇横山村村庄建设规划，2007.
[36] 徐州市规划设计院 . 邳州市港上镇北谢村村庄建设规划，2007.
[37] 苏州市规划设计研究院有限公司 . 苏州相城区阳澄湖镇莲花岛村村庄建设规划，2007.
[38] 苏州园林设计院有限公司 . 苏州东山镇陆巷古村落保护与整治规划，2008.
[39] 江苏省建设厅城市规划技术咨询中心 . 绵竹市金花镇三江村四组村庄规划，2008.
[40] 中国城市规划研究院 . 北京市海淀区苏家坨镇管家岭村庄建设规划，2008.
[41] 中国建筑西南设计研究院有限公司 . 大邑县出江镇高坝社会规划设计，2008.
[42] 福建省村镇建设发展中心 . 长汀县策武乡德联村整治规划，2008.
[43] 西安建大城市规划设计研究院 . 山西省灵石县夏门历史文化名村规划，2009.
[44] 江西省城乡规划设计研究院 . 高安市八景镇上保蔡家村庄整治规划与行动计划，2004.
[45] 浙江省城乡规划设计研究院 . 开化县禾丰村村庄整治规划，2006.
[46] 北京交通大学建筑与艺术设计系，山西佰辰建筑设计有限公司 . 山西省阳泉市小河历史文化名村保护规划，2006.

后记

当前，全国各地对于村庄规划做了许多有益的探索，但由于教育与专业实践等方面的原因，村庄规划工作尚未能完全满足农村基层的实际需求，需要我们对村庄规划的理念与手法进行全面系统的思考。

近年来，江苏省在按照新农村建设的实际需要，因地制宜地全面开展编制了村庄规划，指导村庄有序建设。我们在工作中结合实际研究探索，同甘共苦，颇多感受，本书就是基于以上工作梳理总结。希望能够抛砖引玉，引起城乡规划同行和社会对村庄规划的关注，把村庄建设得更加美好。

多年来，随着中国步入快速城市化的轨道，规划界的眼光主要聚焦于城市，当着手于村庄规划时，我们才发现，村庄虽小，但其中涉及的规划道理却不简单。许多理念参悟透了，对城市规划水平的提高也能有所裨益。

村庄规划不仅是一门学问，更是一项实践，不仅是规划师的工作，更需要农村基层的理解，因此，讲得简单明了，便于操作，是本书写作的宗旨。

限于作者水平，本文中难免存在这样那样的疏漏和错误，恳请读者指正！

陈翀同志参加了第二、三部分初稿的编写，张跃峰同志对于本书第四部分农村适用科技的初稿提供了基本素材，曲秀丽、段威同志也参加了本书的资料收集与整理工作，在此表示感谢。

张 泉

2011 年 4 月 12 日